普通高等教育“十四五”系列教材

水工弧形钢闸门设计

王正中　孙丹霞　张欢龙　赵春龙　编著

中国水利水电出版社
www.waterpub.com.cn
·北京·

内 容 提 要

本教材紧密结合水工钢闸门发展趋势，通过对水工弧形钢闸门设计基本理论与结构有限元分析的对比介绍，将理论与实践有机结合，以全面提高水工钢结构的综合分析能力及设计能力。教材共包括三章内容及两个附录。第一章绪论介绍了弧形钢闸门的作用、组成、分类及工程应用等；第二章弧形钢闸门设计介绍了弧形钢闸门的设计原理和设计方法；第三章弧形钢闸门设计计算实例通过工程案例展示详细的设计步骤，并与有限元计算结果进行比较分析。

本教材可供水工结构专业设计人员参考使用，也可作为水利水电专业的大学生及研究生实践教学用书或课程设计指导书。

图书在版编目（CIP）数据

水工弧形钢闸门设计 / 王正中等编著. -- 北京 : 中国水利水电出版社, 2022.4
普通高等教育“十四五”系列教材
ISBN 978-7-5226-0557-9

Ⅰ. ①水… Ⅱ. ①王… Ⅲ. ①弧形闸门—钢闸门—设计—高等学校—教材 Ⅳ. ①TV663

中国版本图书馆CIP数据核字(2022)第045730号

书　　名	普通高等教育“十四五”系列教材 **水工弧形钢闸门设计** SHUIGONG HUXING GANGZHAMEN SHEJI
作　　者	王正中　孙丹霞　张欢龙　赵春龙　编著
出版发行	中国水利水电出版社 （北京市海淀区玉渊潭南路 1 号 D 座　100038） 网址：www.waterpub.com.cn E-mail：sales@mwr.gov.cn 电话：(010) 68545888（营销中心）
经　　售	北京科水图书销售有限公司 电话：(010) 68545874、63202643 全国各地新华书店和相关出版物销售网点
排　　版	中国水利水电出版社微机排版中心
印　　刷	清淞永业（天津）印刷有限公司
规　　格	184mm×260mm　16 开本　6.75 印张　164 千字
版　　次	2022 年 4 月第 1 版　2022 年 4 月第 1 次印刷
印　　数	0001—2000 册
定　　价	**25.00** 元

编写，力求对工程实例项目做到叙述清楚、层次分明、联系实际、便于读者自学、引导思考，主要内容包括：水工弧形钢闸门的基本组成、分类及工程应用等，水工弧形钢闸门的设计原理和设计方法，水工弧形钢闸门的设计举例及有限元分析。

由于编者水平有限，缺点和错误在所难免，敬请读者批评指正。

作者

2021年12月

前 言

水工金属结构设备是水利水电工程中的重要设备之一。近30年来我国兴建了大量的水利水电工程，许多大孔口、高水头的弧形钢闸门和大容量启闭机相继制造、安装并投入使用，标志着我国水工金属结构设计、制造、安装水平都上了一个台阶，达到国际同类型设备的技术水平。

水工弧形钢闸门作为水利水电工程应用最广泛的一种闸门类型，其挡水面积大、泄流顺畅、启闭灵活、运行平稳等独特的优点深受设计人员青睐。随着大坝孔口尺寸的不断增大，弧形钢闸门的安全可靠运行始终是设计人员最关注的关键问题。弧形钢闸门空间结构复杂，涉及板、梁、柱等各构件的强度、刚度、整体和局部稳定性计算，目前，弧形闸门结构计算模型主要还是采用基于结构力学的平面体系，即把一个空间框架结构简化成几个独立的平面系统分别进行分析计算。平面体系理论计算方法虽然简明，工程设计广泛采用，但忽略了闸门作为空间结构系统的总体变形协调，即结构空间效应，这种简化计算方法结果整体偏保守（局部也有不安全），只能关注到主体结构的受力变形情况，与闸门结构实际力学状态存在一定差别。随着空间有限元理论和数值仿真技术的不断提高，行业内已大量应用有限元技术对钢闸门的强度、刚度和稳定性进行分析，并已成为工程结构设计和性能分析的参考指导依据。借助空间有限元计算体系可对闸门整体结构进行各种工况下、各种荷载组合的静力、动力和稳定性分析，其结果具有空间分布特性，与实际监测试验数据吻合度高，具有更精确和全面的仿真能力。因此，本书针对水工弧形钢闸门的结构特点，采用空间有限元数值分析方法与常用的平面体系法相互对比分析，为开阔设计人员视野提供设计参考，同时对水利水电专业工程技术人员及大学生的结合水工弧形钢闸门设计学习现代结构有限元分析起到一定的指导作用。

本书总结以往工程设计经验，更新设计理念和方法，展示现代水工弧形钢闸门的设计过程。本书根据国家标准《钢结构设计标准》（GB 50017—2017）及2019年发布实施的《水利水电工程钢闸门设计规范》（SL 74—2019）

目　录

第一章　绪　　论

第一节　概　　述

钢闸门是安装于溢流坝、岸边溢洪道、泄水孔、水工隧洞和水闸等水工建筑物水道孔口上控制水流的钢结构设备，它是控制水工建筑物孔口泄流的重要金属结构，按水利水电工程的综合利用需要，它能够全部或局部开启这些孔口，可靠地调节下游水位和流量，以获得防洪、灌溉、引水发电、通航、过木以及排除泥沙等效益。闸门的种类很多，其中弧形钢闸门是工作闸门中使用最为广泛的门型之一，由弧形面板和支撑面板的梁格及支撑梁格的主框架组成。主框架与活动支铰连接，铰心就是圆弧面曲率中心，水压力通过支铰中心，通过液压或卷扬式启闭机启闭。运行时阻力矩较小，运行稳定，水力条件优越。图 1－1 为水工弧形钢闸门总体布置图。

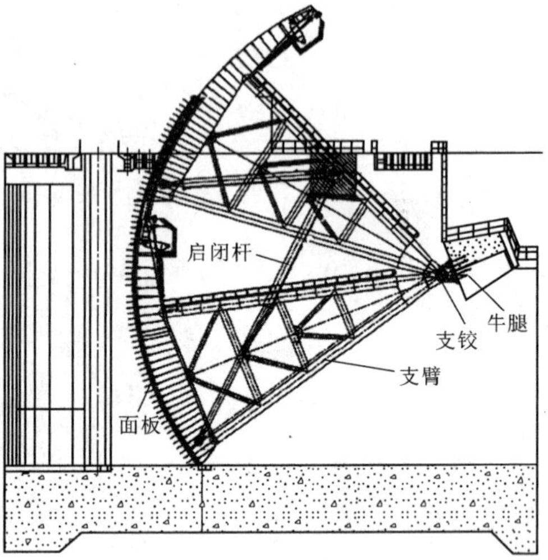

图 1－1　水工弧形钢闸门总体布置图

弧形钢闸门能满足各种类型泄水孔道的需要，它和平面钢闸门同是工作闸门方案选择中优先考虑的门型，特别是在高水头和局部开启要求的情况下，其优点更为显著。其优点如下。

（1）可以封闭相当大面积的孔口。

（2）所需闸墩的高度和闸墩的厚度均相对较小。

（3）没有门槽，水力条件好，特别是当在高水头闸门需要部分开启时，其优势就更加明显。

（4）弧形钢闸门通过支臂与它的曲率中心支铰相连，启门时需要克服闸门自重和各种构件之间的摩阻力对铰轴的力矩，其启闭能力相比其他类型的闸门更加省力和快捷。

（5）从结构上来说，弧形钢闸门安装时埋件较少，构造简单。

弧形钢闸门其缺点如下。

（1）需要较长的闸墩。

（2）门叶所占据的空间位置（闸室）较大。

（3）闸门不能提出孔口以外进行检修维护，不能在孔口之间互换。

(4) 门叶承受的总水压力集中于支铰处，传递给土建闸墩结构时需要作特殊处理。

第二节　闸门的作用、组成和分类

一、闸门的作用

闸门是水工建筑物中活动的挡水结构，用来关闭、开启或局部开启过水孔口，以控制水位、调节流量、过运船只、排放泥沙等。因此，在水利工程兴利除害中闸门发挥着关键的作用。它的安全和适用，在很大程度上影响着整个水工建筑物的运行效果。

二、闸门的组成

一般的闸门主要由以下几个主要部分组成，如图 1-2 所示。

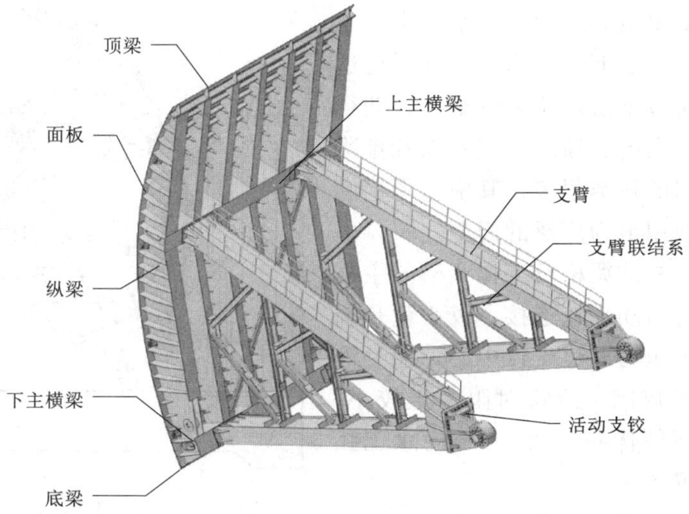

图 1-2　弧形钢闸门的组成

(1) 活动部分：闭塞孔口而又能开放孔口的活动结构，一般称为门叶。

(2) 埋设部分：埋置在土建结构内的构件，它把门叶所承受的荷载（包括自重）传递给土建结构。

(3) 启闭设备：用以控制门叶在孔口中开启和关闭的启闭机构。

弧形钢闸门门叶一般由下列部件所构成。

(1) 面板：封闭孔口的挡水面，它直接承受水的压力，然后将压力传给梁格。

(2) 梁格：具有足够强度和刚度的结构物，它支承面板，把面板传来的水压力传递到支臂上去。

(3) 支臂：支持面板梁格并将其荷载传给支铰的主要构件。

(4) 支铰：整个闸门中很重要的组成部分，它的主要作用是将闸门所受的全部水压力和一部分门重传给铰座，同时，它又是启闭时闸门转动的支承中心，因此它是弧形闸门的支承装置。

(5) 吊具：与启闭设备相连的部件。

（6）止水部件：用以堵塞闸门门叶与埋设部件间隙缝的部件，它使闸门在封闭孔口时无漏水现象或使漏水量减到最少。

弧形钢闸门的埋设部件往往与门叶形式有关，一般由下列部件所构成。

（1）支铰埋设件。

（2）止水埋设件。

（3）衬砌埋设件。

弧形钢闸门的启闭设备一般由以下部件所组成：

（1）动力装置（泵站或电机）。

（2）传动装置（油缸或卷筒装置）。

（3）制动装置（油压锁定或制动器）。

（4）支承装置（机架或牛腿）。

三、闸门的分类

闸门的类型较多，一般可按闸门的工作性质、设置部位等加以分类。

（一）按闸门的工作性质分类

（1）工作闸门：正常运行时使用的闸门，一般在动水条件下操作。

（2）事故闸门：在发生事故时，能够在动水中关闭，事故消除后在静水中开启。

（3）检修闸门：用于检修期间挡水的闸门，在静水中启闭。

（4）施工导流闸门：用于封闭施工导流孔的闸门，一般在动水中关闭。

（二）按闸门设置的部位分类

（1）露顶式闸门：设置在开敞式泄水孔口，当闸门关闭孔口挡水时，其门叶顶部高于挡水水位，并须设置三边止水。

（2）潜孔式闸门：设置在潜没式泄水孔口，当闸门关闭孔口挡水时，其门叶顶部低于挡水水位，需要设置顶部、两侧和底缘四边止水。

（三）按闸门的形状分类

（1）平面闸门：能沿直线升降启闭，具有平面挡水面板的闸门。

（2）弧形闸门：启闭时绕水平支铰轴转动，具有弧形挡水面板的闸门。

（3）其他形状的闸门：拱形闸门、三角形闸门等。

（四）弧形钢闸门的主要分类

（1）主横梁式弧形闸门和主纵梁式弧形闸门。弧形闸门按其门叶结构主要承重梁的布置，可分为主横梁式和主纵梁式两种。一般对宽高比较大的孔口宜采用主横梁式弧形闸门，而对宽高比较小的孔口宜采用主纵梁式弧形闸门。主横梁式弧形闸门主要通过门叶结构的主横梁来将水压力等荷载经支臂结构和支铰传给水工建筑物，通常主横梁与支臂组成横向框架。主纵梁式弧形闸门主要通过主纵梁将水压力等荷载经支臂结构和支铰传给水工建筑物，主纵梁与支臂结构组成纵向框架。

（2）二支臂弧形钢闸门和三支臂弧形钢闸门。工程中潜孔最常见的弧形钢闸门为二支臂闸门，二支臂的理论和技术都比较成熟，中小型的闸门都倾向于设计成二支臂二主梁形式；三支臂弧形钢闸门起步较晚，但是发展较迅速，特别是在我国近几年大型水利枢纽的建设中应用较多，三支臂弧形钢闸门整体刚度较强，一般适用于闸门高度15m以上的大型闸门。

(3) 正向弧形门和反向弧形门。弧形闸门一般总是把弧面布置在上游，这样门底出流比较平顺。但在船闸输水廊道上，把弧面布置在下游可能更为有利，因为根据输水廊道的运行特点，它在输水时总有一个由明流到满流的过渡，若为正向弧形门，门井在闸门下游，在明流、满流过渡时，门井内水流波动剧烈，闸门处在这种水流中将产生严重的振动现象。若为反向弧形门，门井移到上游，输水时门井内水流波动程度要小得多，另外，反向弧门的止水条件也要优越得多。

第三节　设计弧形钢闸门的主要工作内容

弧形钢闸门设计流程如图 1－3 所示，设计弧形钢闸门的主要工作内容包括收集分析资料、选定弧形钢闸门、荷载计算、结构布置、主框架设计、支铰设计、零部件设计、工程制图等。

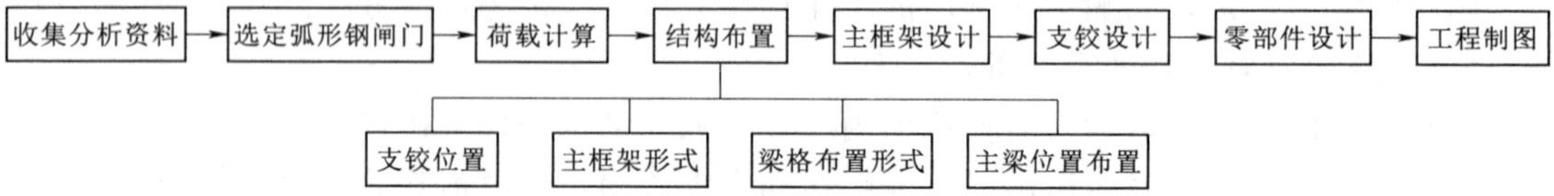

图 1－3　弧形钢闸门设计流程

一、收集分析资料

要进行一项闸门的设计工作，首先要收集和分析闸门设计的基本资料，包括：闸门在水工建筑物中的作用及其所在的部位；闸门的孔口尺寸和孔口数量及运行条件；水文、泥沙、水质、漂浮物与气象方面的资料；有关闸门的材料、制造、运输和安装等方面的条件；地质、地震和其他特殊要求等。分析资料就是要分清闸门的各种工况及运行条件，确定闸门的荷载及具体的操作方式。

通过分析闸门所有可能的不同工况，找出最不利工况，并将该工况下闸门承受的荷载作为设计时的计算荷载。闸门在上下游水位不同的组合中，有时仅有上游一面的单向水头，有时兼有上下游两面的双向水头。有的闸门还承受波浪压力或泥沙压力，特殊情况还有地震动水压力、水锤压力等。可根据具体情况具体分析。

另外还要确定闸门的运行条件，从而计算闸门的启闭力和选用启闭机。根据建筑物的作用和水库调度运行要求，明确在哪些水位组合工况下闸门挡水，在哪些水位组合工况下闸门需要局部开启，有的闸门开启和关闭的工况还不一样。

二、弧形钢闸门的选定与总体布置

门型选择得合理与否，不仅关系到工程的安全和闸门结构的稳定及运行的可靠性，而且直接影响启闭机械容量的大小，引起一系列启闭机制造加工工艺方面的问题。选用弧形钢闸门，则启闭力小，又没有凹形的直立门槽，流态顺畅，且较适应局部开启的要求，但闸室尺寸较大，水工结构复杂，支铰的集中荷载对水工结构设计及施工造成一定困难；选用平面闸门，则闸室较小，结构形式简单，施工方便，但需要的启闭力大，水流不畅，门槽汽蚀、门体振动等问题又较为突出。

对于闸门的选型，根据水工枢纽的具体要求，选择一种技术上可行、经济上合理、运行时可靠的门型是十分重要的。

在大中型工程上，当水头较高、孔口面积较大时，最好选用弧形闸门作为工作闸门，因为它的启闭力较平板闸门小，而且封水面平整，没有门槽，可以局部开启控制流量，没有空蚀和侵蚀的危险。

在取水输水建筑物中，闸门的种类繁多，闸门的选型布置直接关系到相关建筑物的布置和工程量，也就影响了工程的投资和施工进度，有时甚至是控制性的。闸门的选型布置合理，不仅会节约大量资金，而且还会取得安全可靠、操作灵活、维修方便等效果。忽视闸门选型布置，可能影响工程正常效益的发挥，甚至造成重大事故，给整个工程带来不可估量的损失。闸门的选型与布置应从全局出发，统筹兼顾，正确处理闸门设计与取水输水建筑物的关系，以满足工程的各种使用要求。大中型工程常需要做多种形式和布置的方案，与建筑物一起作技术经济比较，从而选定最优方案。

弧形钢闸门的总体布置应考虑多种因素，综合分析后予以确定。

（1）工程对闸门运行的要求，如对于需要局部开启控制下泄流量的水闸宜采用弧形闸门。

（2）闸门在水工建筑物中的位置、孔口大小及数量、上下游水位和操作水头、门后水流流态等。例如：较长的输水隧洞在出口设弧形闸门有利；当操作水头较大时，泄水系统工作闸门宜选用弧形闸门。

（3）泥沙和漂浮物较多时宜选用弧形闸门，或带有舌瓣的弧形闸门，因为弧形闸门没有门槽的要求，支铰可布置在过流时不受水流及漂浮物冲击的高程上，弧形闸门配合顶部的舌瓣门开启可排冰排漂。

（4）为避免启门力较大，可采用弧形闸门而不采用平面闸门。弧形闸门多用液压启闭机，也可采用固定式卷扬机。

三、闸门结构布置及计算

闸门的选型与总体布置方案确定后，就可以对所采用的闸门进行门体结构布置，然后才进行结构和零部件的设计计算。

门体结构布置就是根据闸门的形式、孔口尺寸和材料等情况来选择合理的门叶结构、零部件的形式和布置。弧形闸门的结构布置主要包括支铰中心与启闭机转动中心布置、主框架结构和形式、支臂与主梁的合理刚度比、闸门水封等零部件布置。门体布置时应注意闸门构造简单、安全可靠、节约材料，以及便于制造、运输、安装与运行维护等方面的要求。闸门材料与零部件的种类应尽量少，尽可能采用标准化定型产品，尽可能采用普通钢材，以便于保证供货，也便于检修与维护。门体布置时需考虑运输条件，闸门应便于划分运输单元，避免运输时尺寸超限、超重等情况。另外，与水工建筑物的配合也不容忽视。门叶结构形式应考虑构件的布置和连接形式，钢闸门一般考虑采用焊接结构。

在门体结构布置完后就可以进行闸门结构和零部件的设计计算。首先根据实际可能发生的最不利的荷载组合情况和选定的结构、零部件的布置及材料，确定荷载分配，然后进行各构件和零部件的设计计算。一般先选择各构件和零部件的规格，再进行强度、刚度、稳定性验算。有时需要经反复几次计算比较才能确定较合理的方案。

目前，弧形钢闸门根据《水利水电工程钢闸门设计规范》（SL 74—2019）的容许应力法设计，将具有空间效应的复杂结构简化成平面效应的板、梁、柱结构，采用结构力学法计算。根据工程经验，这种简化方法设计结果是偏于安全的。

四、图纸绘制

在完成闸门基本布置、结构计算及零部位选型后，可绘制闸门布置图和闸门加工制作图纸。随着 CAD 技术的不断发展和 BIM 技术的兴起，三维设计已开始逐渐替代传统的二维制图模式，例如，现流行的三维 CAD 软件，如 CATIA、Autodesk、Solidworks、Inventor 等不仅可以快速建立三维模型，方便有限元软件分析校核，而且可以快速转化成二维图纸，二维图纸与三维模型进行关联，大大提高了设计出图效率。在制造水平较高的行业领域，甚至可将三维数字化模型移交给工厂，利用数控加工或 3D 打印技术将模型转化为实物，直接跳过二维图纸绘制这一步骤。施工图的绘制方法和要求，一般按现行有关机械制图的标准执行。在闸门的施工图绘制中，一般应注意以下几个方面的问题：①闸门总体尺寸和布置与建筑物有关部位之间、闸门门叶部分各构件之间的配合；②各构件的截面尺寸、跨度及其相邻构件在外形尺寸和连接上的配合；③各构件本身的截面构造及零部件的加工精度和热处理等。

第四节 钢闸门的安全评价

水工钢闸门的安全主要根据《水利水电工程钢闸门设计规范》(SL 74—2019) 的规定进行评价。弧形钢闸门的安全性包括强度、刚度、稳定性等。

一、强度评价

在进行钢材容许应力评价前，需要根据表 1-1 对其分组。然后，根据分组情况和钢号按表 1-2 查取相应的容许应力值。连接材料容许应力按表 1-3、表 1-4 采用。下列情况，表 1-2～表 1-4 的数值应乘以调整系数。

(1) 大中型工程的工作闸门及重要事故闸门调整系数为 0.90～0.95。

(2) 在较高水头下经常局部开启的大型闸门调整系数为 0.85～0.90。

(3) 规模巨大且在高水头下操作工作条件又特别复杂的工作闸门调整系数为 0.80～0.85。

上述系数不应连乘，特殊情况另行考虑。

机械零件容许应力应按表 1-5 采用（机械零件系指吊耳、连接、支承部分的零部件和铸造、锻造主轨等）。

表 1-1　钢材尺寸分组　单位：mm

组别	钢材厚度或直径	
	Q235	Q355、Q390、Q420、Q460
第 1 组	≤16	≤16
第 2 组	>16～40	>16～40
第 3 组	>40～60	>40～63
第 4 组	>60～100	>63～80
第 5 组	>100～150	>80～100
第 6 组	>150～200	>100～150

表 1-2　　**钢材容许应力**　　单位：N/mm^2

应力种类	符号	碳素结构钢						低合金结构钢																							
		Q235						Q355						Q390						Q420						Q460					
		第1组	第2组	第3组	第4组	第5组	第6组	第1组	第2组	第3组	第4组	第5组	第6组	第1组	第2组	第3组	第4组	第5组	第6组	第1组	第2组	第3组	第4组	第5组	第6组	第1组	第2组	第3组	第4组	第5组	第6组
抗拉、抗压和抗弯	[σ]	160	150	145	145	130	125	230	225	220	215	210	195	245	240	235	220	220	210	260	260	250	245	245	235	285	280	275	265	265	255
抗剪	[τ]	95	90	85	85	75	75	135	135	130	125	125	115	145	145	140	130	130	125	155	155	150	145	145	140	170	165	165	155	155	150
局部承压	[σ_{cd}]	240	225	215	215	195	185	345	335	330	320	315	290	365	360	350	330	330	315	390	390	375	365	365	350	425	420	410	395	395	380
局部紧接承压	[σ_{cj}]	120	110	110	110	95	95	170	165	165	160	155	145	185	180	175	165	165	155	195	195	185	180	180	175	210	210	205	195	195	190

注　1. 局部承压应力不乘调整系数。

2. 局部承压是指构件腹板的小部分表面受局部荷载的挤压或端面承压（磨平顶紧）等情况。

3. 局部紧接承压是指可动性小的铰在接触面的投影平面上的压应力。

表 1-3　　**焊缝容许应力**　　单位：N/mm^2

焊缝分类	应力种类	符号	Q235				Q355						Q390						Q420						Q460					
			第1组	第2组	第3组	第4组	第1组	第2组	第3组	第4组	第5组	第6组	第1组	第2组	第3组	第4组	第5组	第6组	第1组	第2组	第3组	第4组	第5组	第6组	第1组	第2组	第3组	第4组	第5组	第6组
对接焊缝	抗压、抗拉，一类、二类焊缝	[σ_c^h] [σ_l^h]	160	150	145	145	230	225	220	215	210	195	245	240	235	225	225	215	260	260	250	245	245	235	285	280	275	265	265	255
	抗拉，三类焊缝	[σ_l^h]	135	125	120	120	180	180	175	170	165	155	195	190	185	180	180	170	200	200	200	195	195	185	225	220	220	210	210	200
	抗剪	[τ^h]	95	90	85	85	135	135	130	125	125	115	145	140	140	135	135	125	155	155	150	145	145	140	170	165	165	155	155	150
角焊缝	抗拉、抗压和抗剪	[τ_l^h]	110	105	100	100	160	155	150	150	145	135	170	165	160	155	155	150	180	180	175	170	170	160	195	195	190	185	185	175

注　1. 焊缝分类应符合 GB/T 14173 的规定。

2. 仰焊焊缝的容许应力按本表数值降低 20%。

3. 安装焊缝的容许应力按本表数值降低 10%。

表 1-4 普通螺栓连接容许应力 单位：N/mm²

螺栓的性能等级、锚栓和构件	应力种类	符号	螺栓和锚栓的性能等级或钢号					构件的钢号		
			Q235	Q355	4.6 级、4.8 级	5.6 级	8.8 级	Q235	Q355	Q390
A 级、B 级螺栓	抗拉	$[\sigma_l^l]$				150	310			
	抗剪	$[\tau^l]$				115	230			
C 级螺栓	抗拉	$[\sigma_l^l]$	125	180	125					
	抗剪	$[\tau^l]$	95	135	95					
锚栓	抗拉	$[\sigma_l^d]$	105	145						
构件	承压	$[\sigma_c^l]$						240	340	365

注 1. A 级螺栓用于 $d\leqslant 24$mm 和 $l\leqslant 10d$ 或 $l\leqslant 150$mm（按较小值）的螺栓；B 级螺栓用于 $d>24$mm 或 $l>10d$ 或 $l>150$mm（按较小值）的螺栓，d 为公称直径，l 为螺杆公称长度。

2. 螺孔制备应符合 GB/T 14173 规定。

3. 当 Q235 钢或 Q355 钢制作的螺栓直径大于 40mm 时，螺栓容许应力应予降低，对 Q235 钢降低 4%，对 Q355 钢降低 6%。

表 1-5 机 械 零 件 容 许 应 力 单位：N/mm²

应力种类	符号	碳素结构钢	低合金钢				优质碳素结构钢		铸造碳钢				合金铸钢			合金结构钢	
		Q235	Q355	Q390	Q420	Q460	35	45	ZG230-450	ZG270-500	ZG310-570	ZG340-640	ZG50Mn2	ZG35Cr1Mo	ZG34Cr2Ni2Mo	42CrMo	40Cr
抗拉、抗压和抗弯	$[\sigma]$	100	145	155	170	180	135	155	100	115	135	145	195	170 (215)	(295)	(365)	(320)
抗剪	$[\tau]$	60	85	90	100	110	80	90	60	70	80	85	115	100 (130)	(175)	(220)	(190)
局部承压	$[\sigma_{cd}]$	150	215	230	255	270	200	230	150	170	200	215	290	255 (320)	(440)	(545)	(480)
局部紧接承压	$[\sigma_{cj}]$	80	115	120	135	140	105	125	80	90	105	115	155	135 (170)	(235)	(290)	(255)
孔壁抗拉	$[\sigma_k]$	115	165	175	195	200	155	175	115	130	155	165	225	195 (245)	(340)	(420)	(365)

注 1. 括号内为调质处理后的数值。

2. 孔壁抗拉容许应力系指固定结合的情况，若系活动结合，则应按表值降低 20%。

3. 合金结构钢的容许应力，适用于截面尺寸为 25mm，由于厚度影响，屈服强度有减少时，各类容许应力可按屈服强度减少比例予以减少。

4. 表列铸造碳钢的容许应力，适用于厚度不大于 100mm 的铸钢件。

对于灰铸铁零件容许应力应按表 1-6 采用。轴套容许应力应按表 1-7 采用。埋设件一期、二期混凝土承压容许应力应按表 1-8 采用。

表 1-6　　**灰铸铁零件容许应力**　　单位：N/mm^2

应力种类	符号	灰铸铁牌号		
		HT150	HT200	HT250
轴心抗压和弯曲抗压	$[\sigma_a]$	120	150	200
弯曲抗拉	$[\sigma_w]$	35	45	60
抗剪	$[\tau]$	25	35	45
局部承压	$[\sigma_{cd}]$	170	210	260
局部紧接承压	$[\sigma_{cj}]$	60	75	90

表 1-7　　**轴套容许应力**　　单位：N/mm^2

材料	符号	径向承压
钢对 10-3 铝青铜	$[\sigma_{cg}]$	50
钢对 10-1 锡青铜		40
钢对钢基铜塑复合材料		40

注　水下重要的轴衬、轴套的容许应力降低 20%。

表 1-8　　**埋设件一期、二期混凝土承压容许应力**　　单位：N/mm^2

应力种类	符号	混凝土强度等级				
		C15	C20	C25	C30	C40
承压	$[\sigma_h]$	5	7	9	11	14

表 1-2～表 1-5 的容许应力值，在特殊荷载组合下提高 15%，在特殊情况下，除局部应力外不超过 $0.85\sigma_s$（σ_s 为钢材的屈服极限）。钢材和铸钢件物理性能可按表 1-9 采用。

表 1-9　　**钢材和铸钢件物理性能**

材料名称	弹性模量 $E/(N/mm^2)$	剪切模量 $G/(N/mm^2)$	线胀系数 α/K^{-1}	质量密度 $\rho/(kg/m^3)$
钢材、铸钢件	2.06×10^5	0.79×10^5	1.2×10^{-5}	7850（7800）

注　括号内为铸钢件的密度。

二、刚度评价

刚度评价主要针对梁系构件：支承面板的主梁、次梁等主要受弯构件。

受弯构件最大挠度与计算跨度之比，潜孔式工作闸门和事故闸门主梁不应超过 1/750；露顶式工作闸门和事故闸门主梁不应超过 1/600；检修闸门和拦污栅主梁不应超过 1/500；次梁不应超过 1/250。

三、稳定性评价

受弯、受压和偏心受压构件，如主梁、次梁、支臂等，应满足整体稳定性和局部稳定性要求。

闸门受压（受拉）构件，如支承梁系的支臂、弦杆、腹杆等的构件的长细比应符合以下要求。

（1）受压构件容许长细比，主要构件不应超过 120；次要构件不应超过 150；联系构件不应超过 200。

（2）受拉构件容许长细比，主要构件不应超过 200；次要构件不应超过 250；联系构件不应超过 350。

第二章 弧形钢闸门设计

第一节 弧形钢闸门的结构布置与形式

一、总体布置

弧形钢闸门的支铰是整个闸门中最重要的组成部分，它既是启闭闸门转动的支承中心，又可以将闸门所承受的总水压力和一部分门重传给支座。支铰的位置对启门力的大小和闸门工作的可靠性都有较大的影响。一般来说，支铰宜布置在过流时不受水流和漂浮物冲击的高程上，这样可以减少支臂的振动及延长支铰的使用寿命；不应布置在易受泥沙堵塞的高程上，以方便维护和检修。

在露顶弧形钢闸门布置中，支铰一般设置在闸墩的侧面上。支铰位置越高，弧面越长，承受水压越大，耗费的钢材也就越多。因此，河道水闸上的露顶式弧形钢闸门，一般应将支铰位置布置在底槛以上（2/3～1）H 且要高出水面 0.5m 以上（H 为门高）为宜，如图 2-1 所示。在溢流坝上，因闸门下游水面陡降，可将支铰布置在底槛以上（1/2～3/4）H 处，如图 2-2 所示。对于深孔式弧形钢闸门，支铰的位置一般布置在 1.1 倍闸门高度以上。

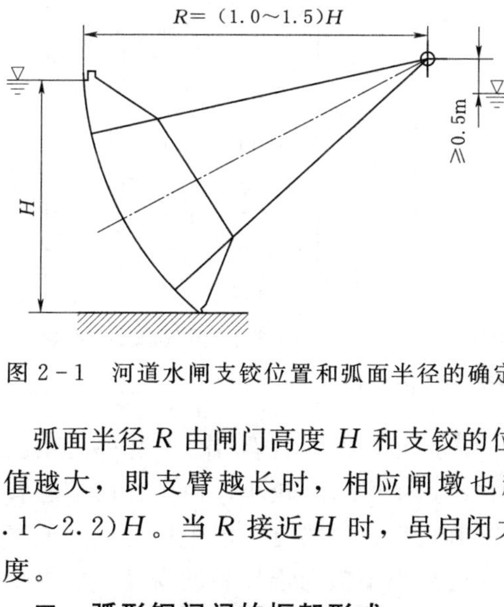

图 2-1 河道水闸支铰位置和弧面半径的确定

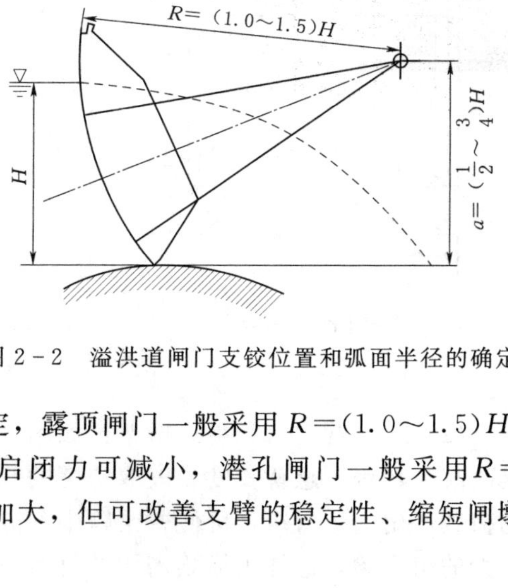

图 2-2 溢洪道闸门支铰位置和弧面半径的确定

弧面半径 R 由闸门高度 H 和支铰的位置而定，露顶闸门一般采用 $R=(1.0\sim1.5)H$，R 值越大，即支臂越长时，相应闸墩也越长，启闭力可减小，潜孔闸门一般采用 $R=(1.1\sim2.2)H$。当 R 接近 H 时，虽启闭力可能加大，但可改善支臂的稳定性、缩短闸墩长度。

二、弧形钢闸门的框架形式

弧形钢闸门空间主框架作为其关键承载结构，其布置形式因孔口高宽比及水头不同可采取主纵梁式、主横梁式及空间框架式。现行规范建议对于宽高比较大的弧形钢闸门宜采用主横梁式结构，反之宽高比较小的弧形钢闸门则采用主纵梁式结构。

（一）主横梁式的主框架类型

主横梁式弧形钢闸门门叶的梁系结构与平面闸门相似，由主梁、水平次梁、竖直次梁、边梁等组成。实腹式结构一般采用等高连接，此时竖直次梁与面板接触的一边为圆弧形。主横梁与支臂之间一般用螺栓连接成刚性框架，如图2－3所示。

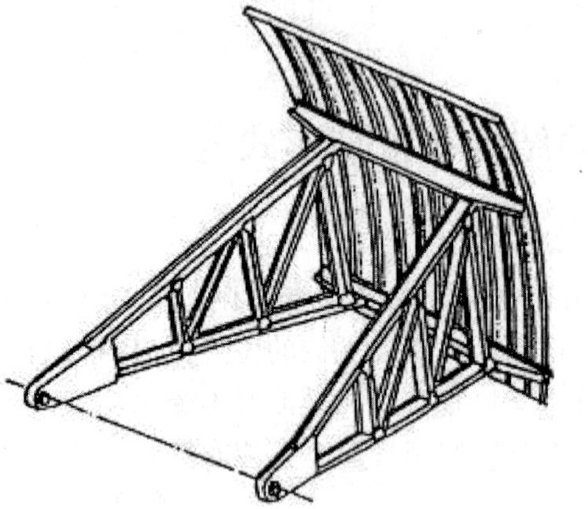

图2－3　主横梁式主框架的结构形式

主横梁式弧形钢闸门的主框架有直支臂Ⅱ形框架、斜支臂“八”字形框架、带悬臂的直支臂Ⅱ形框架三种形式，如图2－4所示。

（1）直支臂Ⅱ形框架：如图2－4（a）所示，支臂方向与主梁正交，且支臂设在主梁的两端。框架主梁可为实腹梁或桁架，支臂常为实腹式截面。采用这种框架形式的优点是其支臂对闸墩的侧推力较小，且支铰设在两侧的闸墩上，构造简单，制造和安装方便。其缺点是主梁的跨度较大，需用材料较多。这种主框架形式在实际工程中应用得比较广泛，而且比较适用于承受双向水头或需要门顶溢流的闸门。

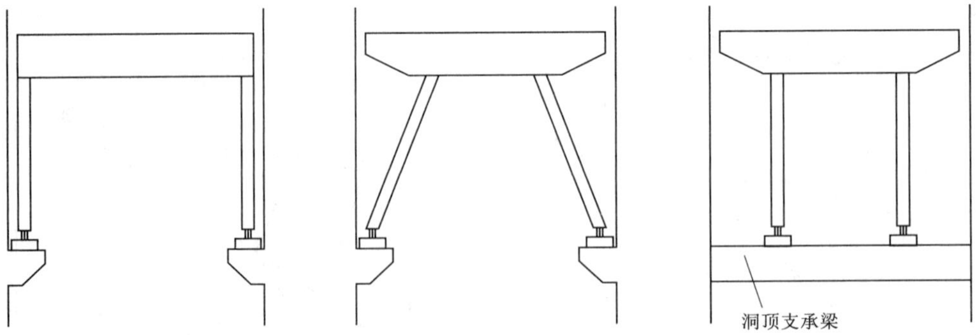

（a）直支臂Ⅱ形框架　（b）斜支臂“八”字形框架　（c）带悬臂的直支臂Ⅱ形框架

图2－4　主横梁式主框架的结构形式

（2）斜支臂“八”字形框架：如图2－4（b）所示，支臂与主梁斜交，这种框架的主梁两端为悬臂，悬臂长度一般取跨度的0.2倍左右，且主梁跨度较小。由于在两端悬臂上的荷载产生的负弯矩，可使主梁跨中部分的正弯矩值减小，主梁有可能采用轧成梁或高度不大的组合梁，这样主横梁需用的材料较省，而且也减小了横向连接系的高度，使整个闸门的自重较轻。但这种形式的闸门抗扭刚度较差，支铰构造复杂，斜支臂对闸墩的侧推力较大，影响闸墩的侧向稳定性，从而引起闸墩材料用量增多。这种结构形式可使闸门的自重减轻，降低造价，在大跨度露顶式表孔闸门中应用十分广泛。

(3) 带悬臂的直支臂Ⅱ形框架：如图 2－4 (c) 所示，这种框架的优点是主梁的弯矩、支铰处的侧推力小，因而支臂弯矩亦很小。支臂和支铰的构造都很简单，大部分深孔钢闸门及跨度较小的露顶式弧形钢闸门在支承条件允许的情况下可采用这种类型。对于较大的露顶式闸门需要在跨中加设门墩，从而增加土建的工程量，因此很少采用这种类型。

(二) 主纵梁式的主框架形式

在实际工程中，因峡谷地区溢流坝顶宽度受到地形条件的限制，河道允许单宽流量提高，使得在这些地区趋向于采用窄而高的孔口（宽高比小于 1)。由于水工条件的限制，溢洪道孔口的宽高比应以降低整个溢洪道的造价为原则，在一定范围内优先选用高的闸门，以获得较经济的溢洪道孔口尺寸。此外，高水头泄水孔通常也会采用窄高型孔口。为此，考虑改变主框架的布置形式，此时主纵梁式的弧形钢闸门的主梁为竖立放置，主纵梁与上下两个支臂构成纵向主框架以适应孔口宽高比变化的要求。因此，从整体经济出发，孔口宽高比较小的弧形钢闸门一般采用主纵梁式的结构（图 2－5)。

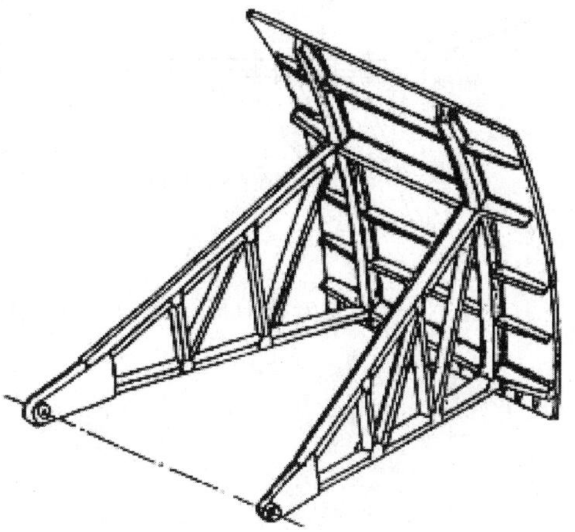

图 2－5　主纵梁式主框架的结构形式

主纵梁式弧形钢闸门整体刚度较大，但主纵梁的制造、加工要求较高。在要求刚度不高的露顶式弧形钢闸门中，当闸门纵向分块时，分缝的拼接比较困难。所以，即使宽高比很小，也使用三主梁或更多的主梁及其相应的支臂框架数目代替主纵梁式弧形钢闸门。

三、主横梁式弧形钢闸门结构布置

在主横梁式的弧形钢闸门中，门叶结构采用双主梁的布置形式，其支臂的布置数量与主梁数相对应，两个主框架受力明确，制造方便。门高较大时可考虑采用三个主框架，但其结构布置和制造均较复杂，如图 2－6 所示。

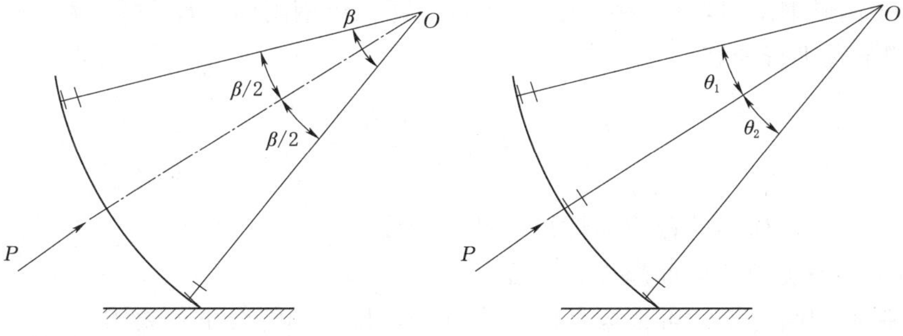

(a) 二支臂　　(b) 三支臂

图 2－6　弧形钢闸门主框架布置图

主梁的位置应按等荷载的原则来确定。两个主框架的布置对称于静水压力的合力作用线，其间距应尽量大些，以增加闸门的整体刚度，并减小闸门上悬臂的长度。如果为三框架布置时，可使中主梁位于总水头压力作用线上，同时为减小上悬臂的挠度，应尽量将上主梁往上布置。下主梁在满足结构布置的条件下应尽量下移，使主梁接近等分水压面积的形心到铰心的连线上，以使各主梁受力均匀。

弧形钢闸门的斜支臂与主横梁应保证刚性连接。斜支臂与主横梁如采用螺栓连接，宜设抗剪板。抗剪板与连接板两端面应保证接触良好（图 2－7）。

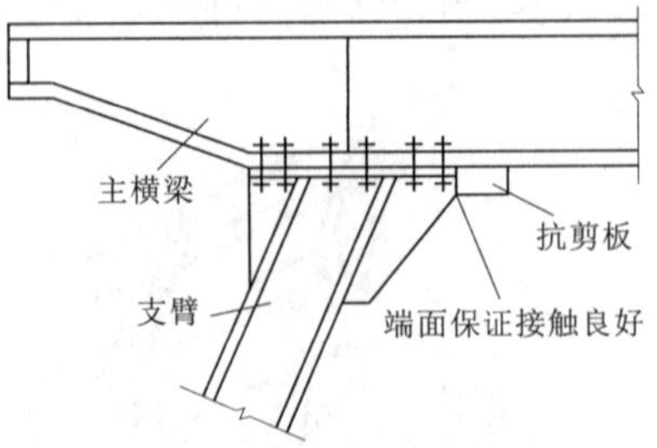

图 2－7　支臂抗剪板

斜支臂弧形钢闸门，当支臂与主横梁水平连接时，在支铰处两支臂夹角平分线的垂直剖面上形成扭角 2ϕ（图 2－8）。ϕ 应按式（2－1）计算：

$$\phi=\arctan\left(\frac{\tan\theta\sin\alpha}{\sqrt{\cos^2\theta-\sin^2\alpha}}\right) \tag{2-1}$$

式中　α——斜支臂水平偏斜角度；

θ——上下两斜支臂夹角的一半。

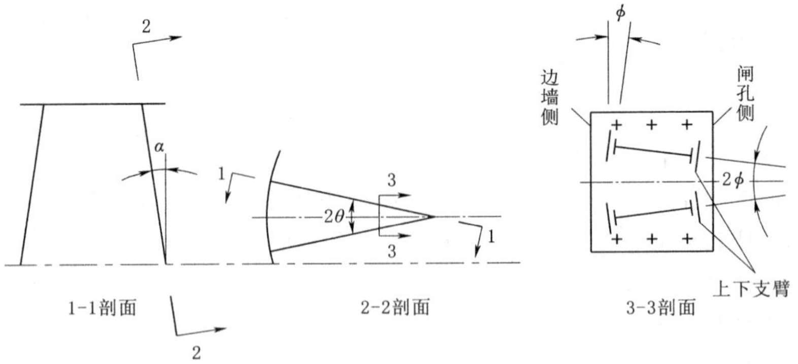

图 2－8　扭角计算简图

弧形钢闸门的实腹主横梁和支臂单位刚度比 K_0 值，可按下列两种情况分别进行选取：①直支臂弧形钢闸门，$K_0=4\sim11$；②斜支臂弧形钢闸门，$K_0=3\sim7$。

K_0 值按下式进行计算：

$$K_0=\frac{I_{l_0}h}{I_h l_0} \tag{2-2}$$

式中　I_{l_0}、l_0——主横梁的截面惯性矩、计算跨度；

I_h、h——支臂的截面惯性、长度。

低水头弧形钢闸门支臂可根据具体工作条件，使结构符合下列要求。

（1）应充分注意主框架平面外的稳定性，并从构造上予以保证。

（2）应考虑支铰摩阻力对支臂所引起的附加弯矩。

（3）露顶式弧形钢闸门的上支臂宜适当加强。

四、梁格的布置形式

（一）梁系布置

梁系的连接包括同层布置（等高连接）和叠层布置（非等高连接）等方式，目前以同层布置居多，布置上一般有主横梁同层布置、主纵梁叠层布置、主纵梁同层布置三种形式。

（1）主横梁同层布置。主横梁同层布置形式如图2-9所示，面板支承在水平次梁、垂直次梁（隔板）和主横梁组成的梁格上，隔板与主横梁在同一高度，主横梁与面板直接焊接，支臂与主横梁用螺栓连接构成刚性主框架，再通过支铰传至闸墩。这种结构的优点是闸门整体刚度大，适用于宽高比较大的弧形钢闸门。

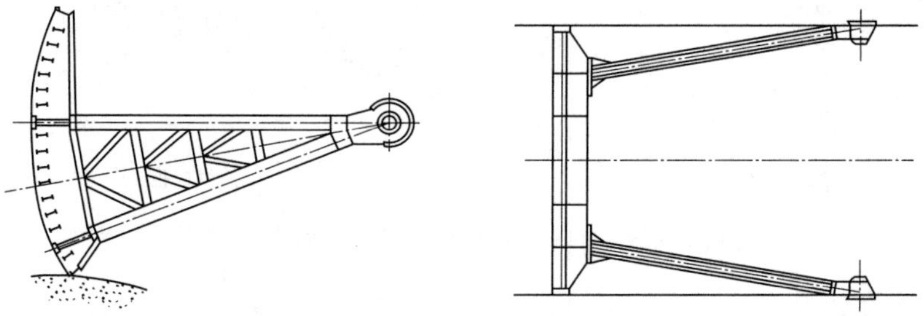

（a）纵向框架　　（b）横向框架

图2-9　主横梁同层布置形式

（2）主纵梁叠层布置。主纵梁叠层布置形式如图2-10所示，面板支承在水平次梁、垂直次梁构成的梁格上，梁格又支承在两根主纵梁上，支臂与主纵梁用螺栓连接组成主框架。水压力经面板、梁格传给纵梁主框架，再通过支铰传至闸墩。这种结构布置的主要优点是便于运输分段，安装拼接较简便，缺点是增加了梁系连接高度，结构整体刚度较同层布置差，适用于宽高比较小的弧形钢闸门。

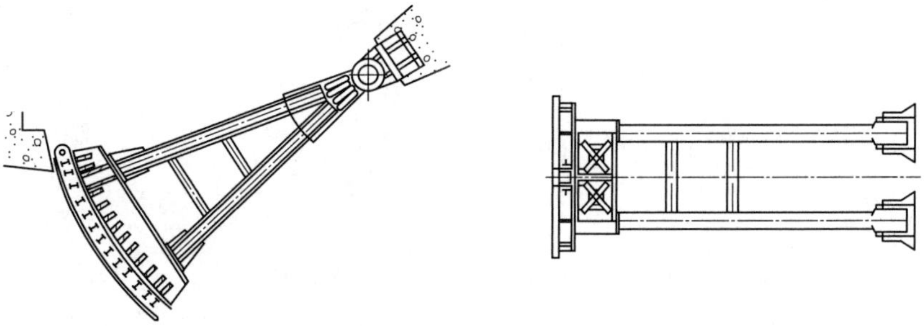

（a）纵向框架　　（b）横向框架

图2-10　主纵梁叠层布置形式

（3）主纵梁同层布置。主纵梁同层布置形式如图2-11所示，面板支承在垂直次梁和主纵梁上，而垂直次梁与主纵梁之间有高差，采用多根横梁支承垂直次梁，并与主纵梁等高连接，但往往也可将该横梁做成与主纵梁等高，从而形成整体刚度较强的门叶结构；支臂与主纵梁用螺栓连接组成主框架。水压力经面板、垂直次梁、横梁传给纵梁主框架，再通过支铰传至闸墩。这种结构的特点是面板直接参与主纵梁工作，但主纵梁的制造加工要求较高。当闸门止水对面板精度有较高要求时，左门叶、右门叶采用螺栓连接，减少工地焊接变形量，分缝的拼接要求较高，闸门纵向分块的分缝面必须经机械加工。因此工艺复杂，适用宽高比较小的高水头弧形钢闸门形式的框架。

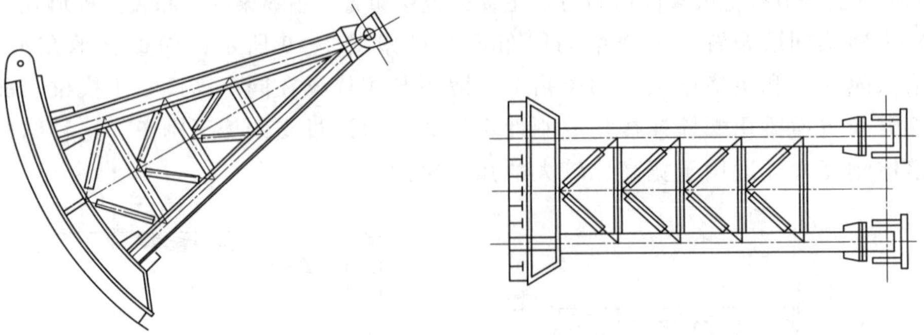

（a）纵向框架　　（b）横向框架

图 2-11　主纵梁同层布置形式

（二）梁格布置

弧形钢闸门的梁格布置一般与平面闸门的梁格布置相同，连接形式为齐平连接［图 2-12（a）（b）］和层叠连接［图 2-12（c）（d）］两种。齐平连接即水平次梁、纵向次梁及主梁的上翼缘齐平于面板，与面板直接焊接在一起，优点是结构紧凑，总体刚度好，面板沿四边支承在梁格上，受力条件较好，是最为常见的连接方式。层叠连接的特点是水平次梁和连续的小纵梁与面板相连，它们可以先在工厂与面板焊成一个整体，作为一个运输单元，到工地后再与主梁连接。由于主梁和纵向隔板没有与面板直接相连，闸门的整体刚度较差。

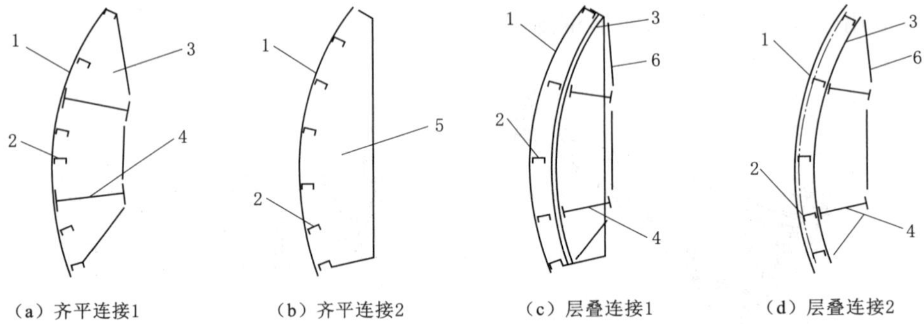

（a）齐平连接1　（b）齐平连接2　（c）层叠连接1　（d）层叠连接2

图 2-12　弧形钢闸门梁格布置

1—面板；2—小横梁；3—小纵梁；4—主横梁；5—主纵梁；6—竖向隔板或桁架

第二节　弧形钢闸门的荷载

一、静水压力

（一）弧形钢闸门的静水压力计算

弧形钢闸门是一种圆曲面，计算作用于曲面上的静水总压力时，采用“先分解后合成”的办法，其步骤如下。

(1) 将曲面上静水总压力 P 分解为水平分力 P_x 和垂直分力 P_y。

(2) P_x 等于该曲面的垂直投影面上的总水压力，其计算方法与平面上静水总压力计算方法相同，$P_x=\frac{1}{2}\gamma H^2$。

(3) P_y 等于水的密度 γ 乘以垂直方向压力分布图形的体积。

(4) 求得 P_x 和 P_y 后，总水压力的大小由力的合成得 $P=\sqrt{P_x^2+P_y^2}$。

(5) 总水压力的方向由 $\tan\alpha=\frac{P_y}{P_x}$ 决定。α 为合力 P 的方向与水平面的夹角。

下面以露顶式弧形钢闸门上游水位为 H_1、下游水位为 H_2 的典型工况为例（图 2-13)。

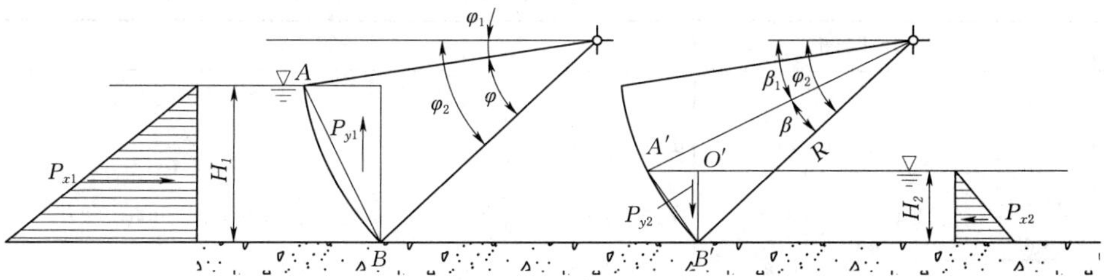

图 2-13　弧形钢闸门水压力计算图

水平水压力：

$$P_{x1}=\frac{1}{2}\gamma H_1^2 L$$
$$P_{x2}=\frac{1}{2}\gamma H_2^2 L \tag{2-3}$$

垂直水压力：

$$P_{y1}=\frac{1}{2}\gamma R^2\left[\frac{\pi\varphi}{180}+2\sin\varphi_1\cos\varphi_2-\frac{1}{2}(\sin2\varphi_1+\sin2\varphi_2)\right]L$$
$$P_{y2}=\frac{1}{2}\gamma R^2\left[\frac{\pi\beta}{180}+2\sin\beta_1\cos\varphi_2-\frac{1}{2}(\sin2\beta_1+\sin2\varphi_2)\right]L \tag{2-4}$$

式中　L——孔口宽度，m；

R——弧面半径，m；

φ_1、φ_2、β_1、β_2——如图 2-13 所示的夹角，均以角度计，当支铰的位置高于上有水位时 φ_1、β_1 值取正值，当支铰的位置低于上游水位时，φ_1、β_1 取负值。

总水压力：

$$P=\sqrt{(P_{x1}-P_{x2})^2+(P_{y1}-P_{y2})^2} \tag{2-5}$$

当下游水位 $H_2=0$，则 $\beta=0$，$P_{x2}=0$，$P_{y2}=0$ 得总水压力：

$$P=\sqrt{P_{x1}^2+P_{y1}^2} \tag{2-6}$$

此合力的作用线通过弧面的圆心，其方向与水平夹角：

$$\alpha=\arctan\frac{P_y}{P_x} \tag{2-7}$$

根据不同受力情况的静水压力分布图，可以导出不同工况下弧形钢闸门静水压力公式。

（二）常用的弧形钢闸门计算公式

闸门的主要荷载为静水压力。当闸门处于封闭孔口的位置挡水时，作用在闸门挡水面上的任何一点单位面积上的静水压力与该点在水面以下的深度成正比，压力方向则垂直该挡水面。作用在闸门上的静水压力可按表 2-1 中的公式计算。

表 2-1　　　　静水压力计算

序号	水压力图形	计算公式
1	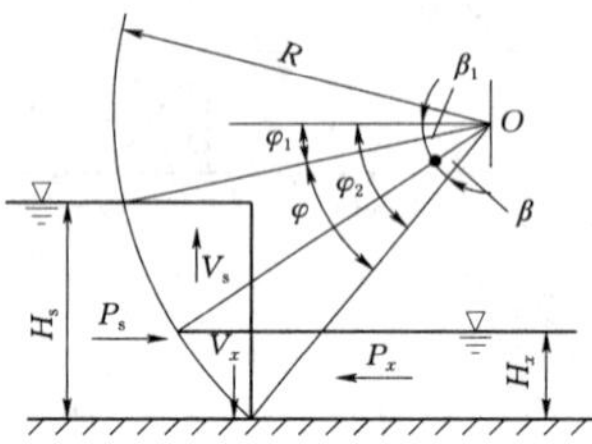	$P=\frac{1}{2}\gamma H_s^2 B_{zs}$ $V_s=\frac{1}{2}\gamma R^2\left[\frac{\pi\varphi}{180}+2\sin\varphi_1\cos\varphi_2-\frac{1}{2}(\sin2\varphi_1+\sin2\varphi_2)\right]B$ $P_x=\frac{1}{2}\gamma H_x^2 B$ $V_x=\frac{1}{2}\gamma R^2\left[\frac{\pi\beta}{180}+2\sin\beta_1\cos\varphi_2-\frac{1}{2}(\sin2\beta_1+\sin2\varphi_2)\right]B$ 总水压力：$P=\sqrt{(P_s-P_x)^2+(V_s-V_x)^2}$
2	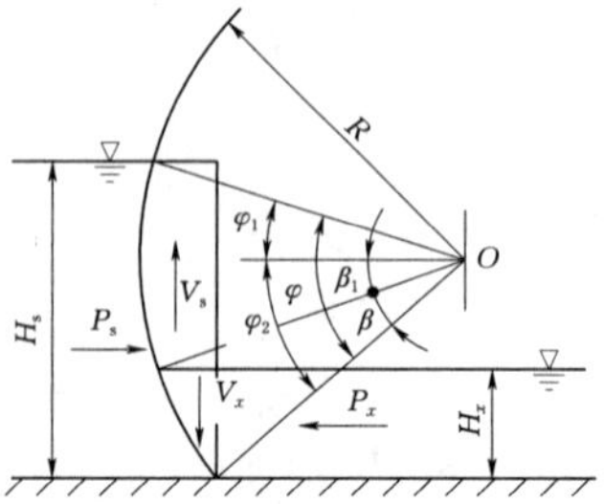	$\varphi_1<\varphi_2$ $P_s=\frac{1}{2}\gamma H_s^2 B$ $V_s=\frac{1}{2}\gamma R^2\left[\frac{\pi\varphi}{180}-2\sin\varphi_1\cos\varphi_2-\frac{1}{2}(\sin2\varphi_2-\sin2\varphi_1)\right]B$ $P_x=\frac{1}{2}\gamma H_x^2 B$ $V_x=\frac{1}{2}\gamma R^2\left[\frac{\pi\beta}{180}+2\sin\beta_1\cos\varphi_2-\frac{1}{2}(\sin2\beta_1+\sin2\varphi_2)\right]B$ 总水压力：$P=\sqrt{(P_s-P_x)^2+(V_s-V_x)^2}$
3	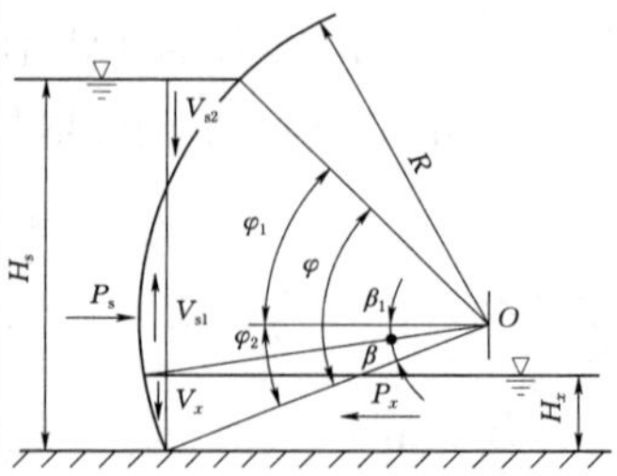	$\varphi_1>\varphi_2$ $P_s=\frac{1}{2}\gamma H_s^2 B$ $V_s=\frac{1}{2}\gamma R^2\left[\frac{\pi\varphi}{180}-\sin2\varphi_2-\sin(\varphi_1-\varphi_2)-2\sin\varphi\sin^2\left(\frac{\varphi_1-\varphi_2}{2}\right)\right]B$ $P_x=\frac{1}{2}\gamma H_x^2 B$ $V_x=\frac{1}{2}\gamma R^2\left[\frac{\pi\varphi}{180}+2\sin\beta_1\cos\varphi_2-\frac{1}{2}(\sin2\beta_1+\sin2\varphi_2)\right]B$ 总水压力：$P=\sqrt{(P_s-P_x)^2+(V_s-V_x)^2}$

续表

序号	水压力图形	计算公式
4	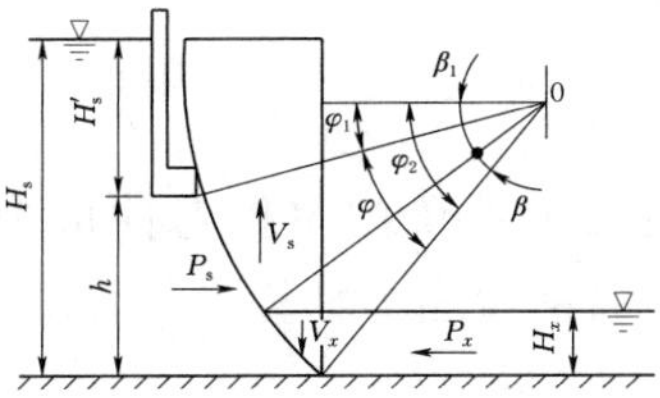	$P_s=\frac{1}{2}\gamma(H_s+H'_s)hB$ $V_s=\frac{1}{2}\gamma R^2\left[\frac{\pi\varphi}{180}+2\sin\varphi_1\cos\varphi_2-\frac{1}{2}(\sin2\varphi_1+\sin2\varphi_2)+\frac{2H'_s}{R}(\cos\varphi_1-\cos\varphi_2)\right]B$ P_x、V_x、P 计算公式同本表序号 1 中的公式
5	P_s——上游水平分力，kN； V_s——上游垂直分力，kN； P_x——下游水平分力，kN； V_x——下游垂直分力，kN； H_s——上游水头，m； H_x——下游水头，m； R——弧门面板曲率半径，m； γ——水的容重，一般对淡水可取 10kN/m³，对海水可取 10.4kN/m³，含沙水按试验确定； B_{zs}——两侧止水间距，m； B——孔口宽度，m； h——闸门高度（计算到顶止水），m	

二、自重

弧形钢闸门自重的实际数值，要待设计完成以后才能求得。初步估算可根据闸门形式采用所列经验公式进行。门重 G 的作用点可假定位于弧面圆心角 φ 的等分线上，且离开支承轴 $(0.8\sim0.6)R$ 处，其中 R 为弧面半径（图 2-14）。

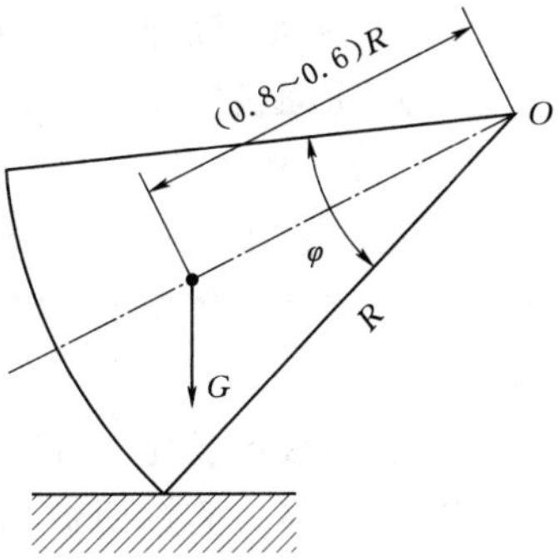

图 2-14　弧形钢闸门自重作用点

对于露顶式弧形钢闸门，门 G 计算如下。

当 $B\leqslant10$m 时：

$$G=K_cK_bH^{0.42}B^{0.33}H_s\times9.8 \tag{2-8}$$

当 $B>10$m 时：

$$G=K_cK_bH^{0.63}B^{1.1}H_s\times9.8 \tag{2-9}$$

式中　H、B——孔口高度、宽度，m；

K_c——材料系数，闸门用普通碳素钢时 $K_c=1.0$，用低合金钢时 $K_c=0.8$；

H_s——设计水头，m；

K_b——孔口宽度系数，当 $B\leqslant5$m 时，$K_b=0.29$，当 $5\text{m}<B\leqslant10$m 时，$K_b=0.472$，当 $10\text{m}<B\leqslant20$m 时，$K_b=0.075$，当 $B>20$m 时，$K_b=0.105$。

第三节　弧形钢闸门的结构计算

一、面板的设计

（一）面板厚度初选

由于计算面板厚度时，主梁的截面尚未确定，面板参加主梁的整体弯曲应力无法求得。故初选面板厚度时，可先按支承长边中点 A 点最大局部弯应力估算。

初估面板厚度 δ 按式（2-10）计算：

$$\delta=a\sqrt{\frac{kq_i}{\alpha[\sigma]}} \tag{2-10}$$

式中　δ——闸门面板计算厚度；

k——弹性薄板支承长边中点弯应力系数；

α——弹塑性调整系数（$b/a>3$ 时，$\alpha=1.4$；$b/a\leqslant3$ 时，$\alpha=1.5$）；

a、b——面板计算区格的短边与长边长度；

q_i——第 $i(i=1,2,3,\cdots)$ 个面板区格中心的水压力强度；

$[\sigma]$——钢材的抗弯容许应力。

$$q_i=\gamma(H'_s+R\sin\varphi'_i)$$
$$\varphi'_i=\varphi_2-\frac{S_i\times180°}{\pi R} \tag{2-11}$$

式中　H'_s——支铰以上的水头高度；

S_i——闸门面板底缘至计算区格中心的弧长；

φ'_i——面板计算区格中心的水平夹角；

φ_2——面板最低点的水平夹角。

当计算完面板厚度以后，应该增加 1～2mm 厚度的腐蚀富裕度。

（二）面板参与梁系整体弯曲时的强度验算

在按公式选出面板厚度并在主梁截面选定后，考虑到面板本身在局部弯曲的同时还随着主（次）梁受整体弯曲的作用，则面板为双向受力状态，故应按强度理论对折算应力进行验算。

（1）当面板边长比 $b/a>1.5$，且布置在沿主梁轴线方向时（图 2-15），按式（2-12）～式（2-14）验算面板 A 点折算应力：

$$\sigma_{zh}=\sqrt{\sigma_{my}^2+(\sigma_{mx}-\sigma_{ox})^2-\sigma_{my}(\sigma_{mx}-\sigma_{ox})}\leqslant1.1\alpha[\sigma] \tag{2-12}$$

$$\sigma_{my}=\frac{K_yqa^2}{\delta^2} \tag{2-13}$$

$$\sigma_{mx}=\mu\sigma_{my} \tag{2-14}$$

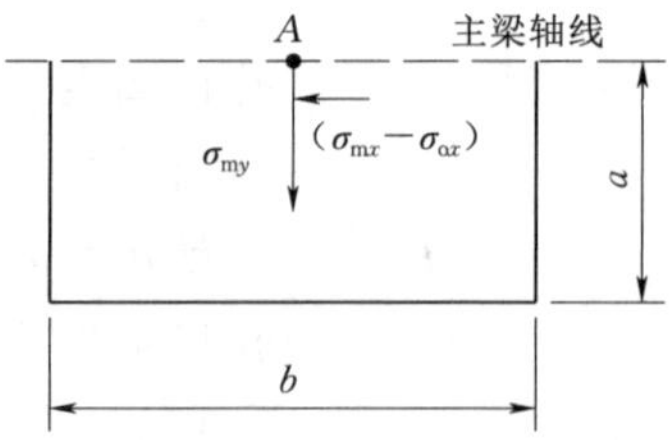

图 2-15　面板布置图 1

式中　σ_{zh}——面板的折算应力；

σ_{my}——垂直于主（次）梁轴线方向面板支承长边中点的局部弯曲应力，取绝对值；

σ_{mx}——面板沿主（次）梁轴线方向的局部弯曲应

力，取绝对值；

σ_{ox}——对应于面板验算点的主（次）梁上翼缘的整体弯曲应力，取绝对值；

$[\sigma]$——钢材的抗弯容许应力，按表 1-2 采用；

α——弹塑性调整系数，当 $b/a>3$ 时，取 $\alpha=1.4$，当 $b/a\leqslant3$ 时，取 $\alpha=1.5$；

K_y——支承长边中点弯应力系数，按表 2-2～表 2-4 采用；

q——面板计算区格中心的水压强度，N/mm^2；

μ——泊松比，取 0.3。

表 2-2　　四边固定矩形弹性薄板受均载的弯应力系数 $K(\mu=0.3)$

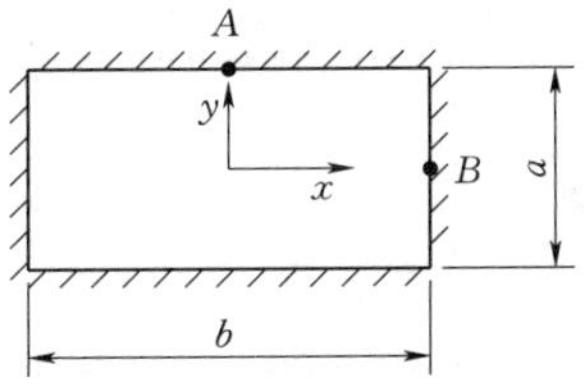

b/a	支承长边中点（A 点）K_y	支承短边中点（B 点）K_x
1.0	0.308	0.308
1.1	0.349	0.323
1.2	0.383	0.332
1.3	0.412	0.338
1.4	0.436	0.341
1.5	0.454	0.342
1.6	0.468	0.343
1.7	0.479	0.343
1.8	0.487	0.343
1.9	0.493	0.343
2.0	0.497	0.343
2.5	0.500	0.343
∞	0.500	0.343

表 2-3　　三边固定一长边简支矩形弹性薄板受均载的弯应力系数 $K(\mu=0.3)$

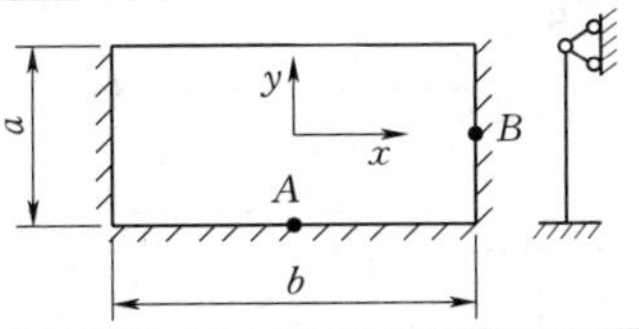

b/a	支承长边中点（A 点）K_y	支承短边中点（B 点）K_x
1.0	0.328	0.360
1.25	0.472	0.425
1.5	0.565	0.455

续表

b/a	支承长边中点（A 点）K_y	支承短边中点（B 点）K_x
1.75	0.632	0.465
2.0	0.683	0.470
2.5	0.732	0.470
3.0	0.740	0.471
∞	0.750	0.472

表 2-4　三边固定一短边简支矩形弹性薄板受均载的弯应力系数 $K(\mu=0.3)$

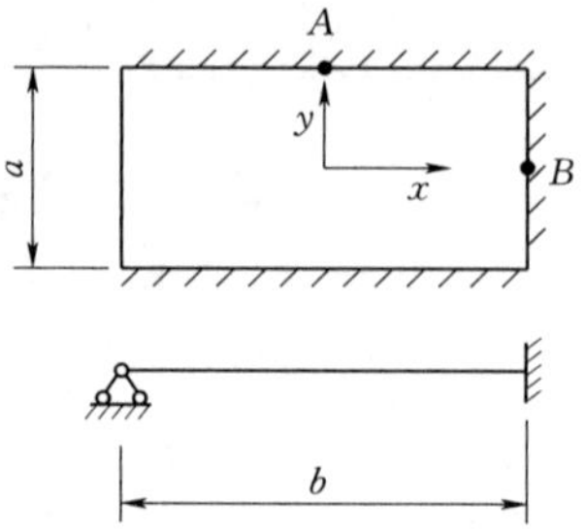

b/a	支承长边中点（A 点）K_y	支承短边中点（B 点）K_x
1.0	0.360	0.328
1.25	0.448	0.341
1.5	0.473	0.341
1.75	0.489	0.341
2.0	0.500	0.342
2.5	0.500	0.342
3.0	0.500	0.342
∞	0.500	0.342

表 2-5　两相邻边简支另两相邻边固定矩形弹性薄板受均载的弯应力系数 $K(\mu=0.3)$

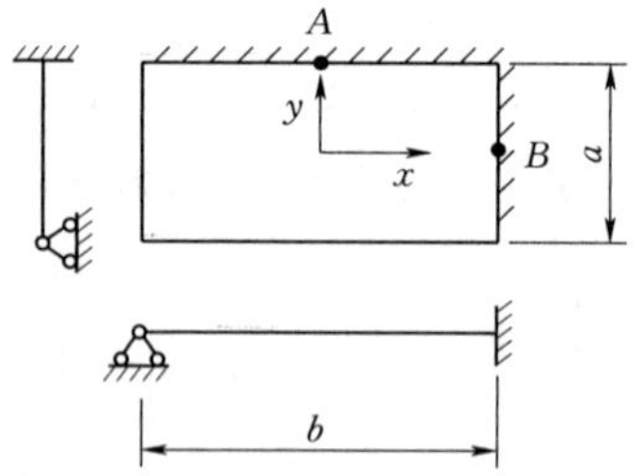

b/a	1.0	1.1	1.2	1.3	1.4	1.5	1.6	1.7	1.8	1.9	2.0
支承长边中点（A 点）K_y	0.407	0.459	0.506	0.549	0.585	0.616	0.640	0.662	0.680	0.695	0.708
支承短边中点（B 点）K_x	0.407	0.425	0.441	0.452	0.459	0.463	0.467	0.468	0.470	0.471	0.472

（2）当面板边长比 $b/a \leqslant 1.5$，或面板长边方向与主梁轴线垂直时（图 2-16），还应按式（2-15）～式（2-18）验算面板 B 点折算应力：

$$\sigma_{zh}=\sqrt{\sigma_{my}^2+(\sigma_{mx}+\sigma_{ox})^2-\sigma_{my}(\sigma_{mx}+\sigma_{ox})}\leqslant 1.1\alpha[\sigma] \tag{2-15}$$

$$\sigma_{mx}=\frac{Kqa^2}{\delta^2} \tag{2-16}$$

$$\sigma_{my}=\mu\sigma_{mx} \tag{2-17}$$

$$\sigma_{ox}=\frac{(1.5\xi_1-0.5)M}{W} \tag{2-18}$$

式中　σ_{mx}——面板沿主梁轴线方向的局部弯曲应力，取绝对值，K 值对图 2-16（a）取 K_x，对图 2-16（b）取 K_y；

σ_{my}——垂直于主梁轴线方向面板的局部弯曲应力，取绝对值；

σ_{ox}——对应于面板验算点主梁上翼缘的整体弯应力，取绝对值；

ξ_1——面板兼做主（次）梁上翼缘的有效宽度系数（表 2-7）；

M——对应于面板验算点主梁的弯矩；

W——对应于面板验算点主梁的截面抵抗矩；

μ——泊松比，取 0.3。

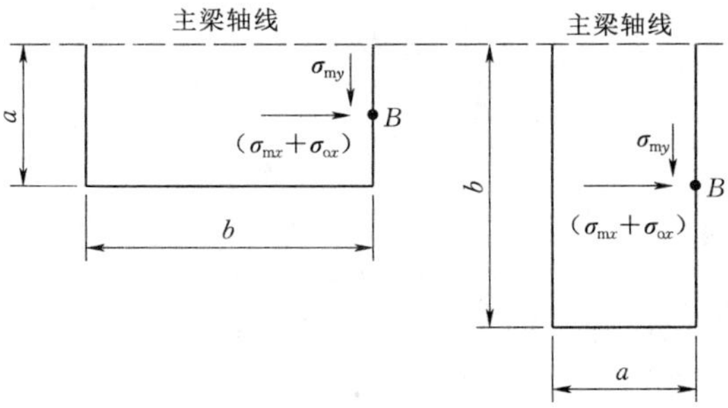

（a）面板长边沿主梁轴线方向　　（b）面板长边方向与主梁轴线垂直

图 2-16　面板布置图 2

二、水平次梁

（一）水平次梁的计算简图

在等高连接的梁格中，当采用实腹隔板来代替竖直次梁时，水平次梁是在实腹隔板的预留孔中穿过并被连接于隔板上，这时水平次梁的计算简图近似按承受均布荷载的多跨连续梁计算，其支承处位于各竖直次梁的轴线位置，水平次梁计算简图如图 2-17 所示。

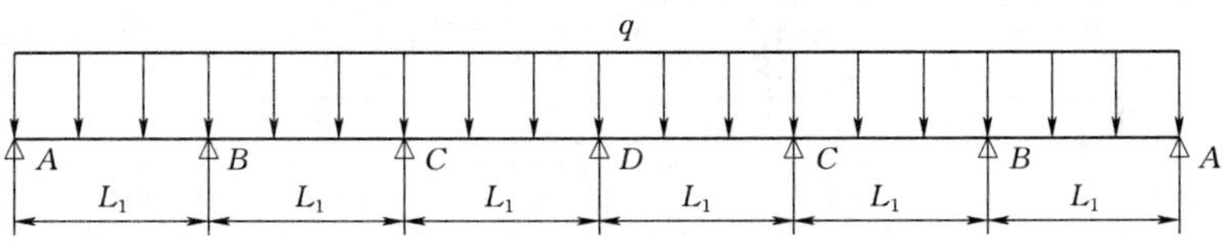

图 2-17　水平次梁计算简图

（二）水平次梁的内力计算

水平次梁是支承在垂直次梁上的连续梁，由面板传给水平次梁的水压力，其作用范围近似按面板跨度的中心线来划分，水平次梁内力图如图 2-18 所示，水平次梁所承受的均布荷载按式（2-19）计算：

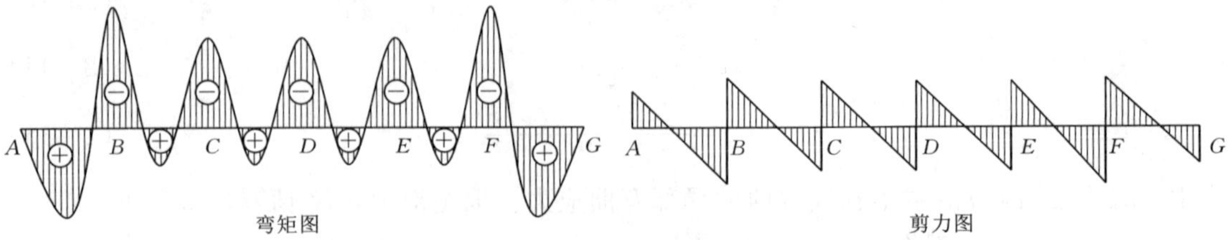

图 2-18 水平次梁内力图

$$q=p\frac{a_{上}+a_{下}}{2} \tag{2-19}$$

式中 p——次梁轴线处的水压强度，N/cm^2；

$a_{上}$、$a_{下}$——水平次梁轴线到上、下相邻梁之间的距离，cm。

均布荷载的等跨连续梁内力及挠度计算：

弯矩：

$$M=kql^2 \tag{2-20}$$

剪力：

$$Q=kql \tag{2-21}$$

挠度：

$$f=k\frac{ql^4}{100EI} \tag{2-22}$$

式中 k——系数，其值按图相应的截面由表 2-6 查得；

l——两相邻支座的跨度；

q——分布荷载强度，可参照主梁相邻间距和之半法确定；

E——材料的弹性模量；

I——计算截面的惯性矩。

表 2-6　　均布荷载的等跨连续梁的内力计算表

序号	名称	符号	内力系数 k						计算公式	附注
			2 跨	3 跨	4 跨	5 跨	6 跨	7 跨		
1	支点反力	A0	0.375	0.4	0.393	0.395	0.394	0.394	kql	
2		A1	1.250	1.1	0.143	1.132	1.135	1.134		
3		A2	—	—	0.920	0.974	0.962	0.965		
4		A3	—	—	—	—	1.019	1.007		
5	支点弯矩	M1	−0.125	−0.1	−0.107	−0.105	−0.106	−0.106	kql^2	
6		M2	—	—	−0.071	−0.079	−0.077	−0.077		
7		M3	—	—	—	—	−0.087	−0.085		

续表

序号	名称	符号	内力系数 k						计算公式	附注
			2 跨	3 跨	4 跨	5 跨	6 跨	7 跨		
8	跨中弯矩	MⅠ	0.070	0.080	0.077	0.078	0.078	0.078	kql^2	
9		MⅡ	—	0.025	0.036	0.033	0.034	0.034		
10		MⅢ	—	—	—	0.046	0.034	0.044		
11		MⅣ	—	—	—	—	—	0.040		
12	最大跨中弯矩至相应支点的距离	XⅠ	0.375	0.400	0.393	0.395	0.394	0.394	kl	由支点 0 计起
13		XⅡ	—	0.500	0.536	0.526	0.529	0.528		由支点 1 计起
14		XⅢ	—	—	—	0.500	0.490	0.493		由支点 2 计起
15		XⅣ	—	—	—	—	—	0.500		由支点 3 计起
16	跨中挠度	fⅠ	0.521	0.677	0.633	0.644	—	—	$k\dfrac{ql^4}{100EI}$	
17		fⅡ	—	0.052	0.186	0.151				
18		fⅢ	—	—	—	0.315				
19		fⅣ	—	—	—	—				

（三）截面特性设计

根据计算简图和荷载计算各水平次梁的弯矩和剪力。根据最大弯矩可以求出次梁所需要的截面抵抗矩：

$$W \geqslant \frac{M_{\max}}{[\sigma]} \tag{2-23}$$

再根据 W 和满足刚度要求的最小梁高从附录一型钢表中选取型钢截面的规格，选取的型钢规格尽可能的少，以便于加工制造。

闸门中的水平次梁一般采用角钢、槽钢或“工”字形钢，它们宜肢尖朝下与面板相连，如图 2－19 所示，以免因上部形成凹槽积水而加速钢材腐蚀。

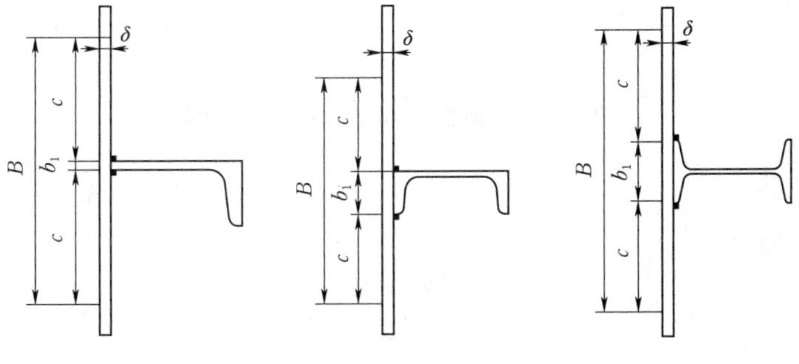

图 2－19　水平次梁截面形式

当采用角钢直接焊于面板时，焊缝两侧的面板在一定的宽度（有效宽度）内可以兼作次梁的翼缘参加次梁的抗弯工作。面板参加次梁工作的有效宽度 B 可按式（2－24）计算，然后取两式算得的较小值。

（1）考虑面板兼作梁翼缘在受压时不致丧失稳定而限制的有效宽度：

$$\begin{cases}B \leqslant b_l + 60\delta & (\text{Q235 钢}) \\ B \leqslant b_l + 50\delta & (\text{Q355、Q390、Q420、Q460 钢})\end{cases} \tag{2-24}$$

式中 b_l——梁肋宽度。

（2）考虑面板沿宽度上应力分布不均而折算的有效宽度：

$$B=\xi_1 b \text{ 或 } B=\xi_2 b \tag{2-25}$$

$$b=\frac{b_1+b_2}{2} \tag{2-26}$$

式中 b_1、b_2——次梁两侧相邻梁的间距；

ξ_1、ξ_2——有效宽度系数，可按表 2-7 查用。

表 2-7　面板的有效宽度系数 ξ_1、ξ_2

l_0/b	0.5	1	1.5	2	2.5	3	4	5	6	8	10	20
ξ_1	0.20	0.40	0.58	0.70	0.78	0.84	0.90	0.94	0.95	0.97	0.98	1.0
ξ_2	0.16	0.30	0.42	0.51	0.58	0.64	0.71	0.77	0.79	0.83	0.86	0.92

注 1. l_0 为主（次）梁弯矩零点之间的距离，对于简支梁，$l_0=l$；对于连续梁的正弯矩段可以近似地取 $l_0=0.6l \sim 0.8l$；对于其负弯矩段可近似地取 $l_0=0.4l$，其中 l 为主（次）梁的跨度。

2. ξ_1 适用于梁的正弯矩图为抛物线形，ξ_2 适用于梁的负弯矩图近似地取为三角形，如图 2-20 所示。

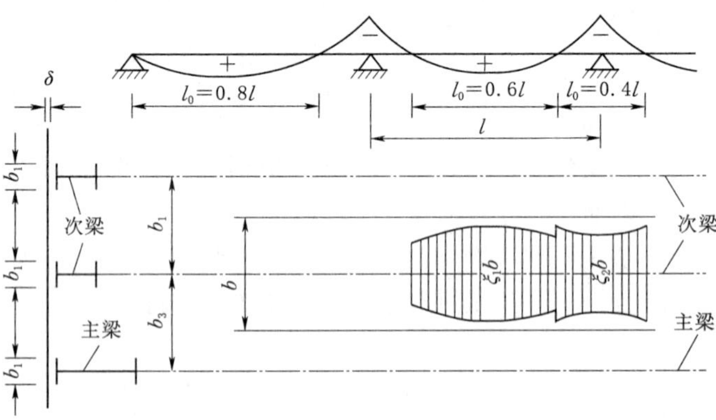

图 2-20　面板有效宽度系数示意图

（四）结构计算

（1）强度计算：

$$\sigma_{\max}=\frac{M_{\max} y_2}{I_x} \leqslant [\sigma] \tag{2-27}$$

$$\tau_{\max}=\frac{Q_{\max} S_x}{I_x t} \leqslant [\tau] \tag{2-28}$$

式中 $M_{\max}$、$Q_{\max}$——所验算的最大内力截面的弯矩和剪力；

I_x——所验算截面对中和轴的惯性矩；

S_x——所验算剪应力截面处中和轴一侧截面面积对中和轴的面积矩；

t——腹板厚度；

$[\sigma]$、$[\tau]$——钢材的抗弯、抗剪容许应力。

在组合梁中同时受较大正应力和剪应力作用处（如连续梁的支座处或梁截面改变处等），还应按第三强度理论验算折算应力，应满足下式：

$$\sigma_{zh}=\sqrt{\sigma^2+3\tau^2}\leqslant 1.1[\sigma] \tag{2-29}$$

(2) 刚度验算。受均布荷载的等跨连续梁，最大挠度发生在边跨，当求得 B 支座截面得弯矩时，边跨挠度可近似地按下式计算：

$$\frac{w}{l}=\frac{5}{384}\frac{ql^3}{EI}-\frac{M_B l}{16EI}\leqslant\left[\frac{w}{l}\right] \tag{2-30}$$

(3) 整体稳定性验算。当次梁受压翼缘与面板刚性连接时，可不必验算整体稳定性。

(4) 局部稳定性验算。对受均布荷载的组合“工”字形截面，当符合下列条件时可不验算腹板的局部稳定性：

$$\frac{h_0}{t}\leqslant 80\sqrt{\frac{240}{\sigma_s}} \tag{2-31}$$

式中　h_0——腹板计算高度；

t——腹板厚度；

σ_s——钢材屈服点。

当选择型钢时，可不必验算局部稳定性。

三、垂直次梁

（一）垂直次梁的计算简图

弧形钢闸门的垂直次梁为曲梁，可简化为支承在主梁以及顶底梁的双悬臂梁。各段梁的长度按弧长展开计算。

图 2-21 中，L_1 为上主梁至门顶的弧长，L_2 为上、下主梁之间的弧长，L_3 为下主梁至门叶底部的弧长，q_1、q_2、q_3 为垂直次梁相应部位线荷载，计算公式为

$$q_i=p_i b \tag{2-32}$$

式中　b——垂直次梁承载宽度，$b=(a_{左}+a_{右})/2$，m；

$a_{左}$、$a_{右}$——垂直次梁轴线到左右相邻垂直次梁之间的距离，m；

p_i——垂直次梁相应部位压强，MPa，采用下式计算：

$$p_i=\gamma\left\{H_s-\left[H-R\sin\left(\varphi_2-\frac{180^{\circ}S}{\pi R}\right)\right]\right\}\times 10^6 \tag{2-33}$$

式中　S——计算部位至门叶弧长，mm；

H——支铰高度，m。

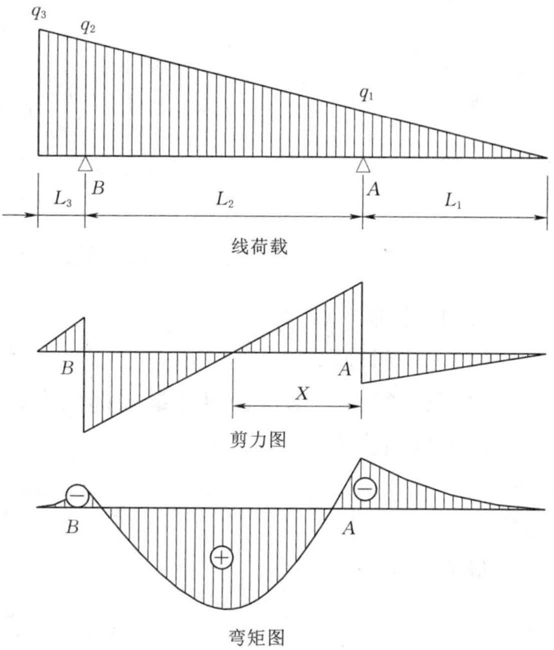

图 2-21　垂直次梁结构计算简图

（二）垂直次梁的内力计算

（1）支座反力。

A 点支座反力：

$$Y_A=\frac{1}{L_2}\left[\frac{1}{6}(L_1+L_2)^2q_2-\frac{1}{6}(q_2+2q_3)L_3^2\right] \tag{2-34}$$

B 点支座反力：

$$Y_B=\frac{1}{2}q_3(L_1+L_2+L_3)-Y_A \tag{2-35}$$

（2）剪力：

$$Q_A^R=\frac{1}{2}q_1L_1 \tag{2-36}$$

$$Q_A^L=Y_A-Q_A^R \tag{2-37}$$

$$Q_B^L=\frac{1}{2}(q_2+q_3)L_3 \tag{2-38}$$

$$Q_B^R=Y_B-Q_B^L \tag{2-39}$$

（3）弯矩：

$$M_A=\frac{1}{6}q_1L_1^2 \tag{2-40}$$

$$M_B=\frac{1}{6}(q_2+2q_3)L_3^2 \tag{2-41}$$

设跨中最大弯矩距 A 支座的距离为 x，列等式：

$$\frac{x}{L_2-x}=\frac{Q_A^L}{Q_B^R} \tag{2-42}$$

则

$$x=\frac{L_2Q_A^L}{Q_B^R+Q_A^L}$$

$$q_x=\frac{(L_1+x)q_3}{L_1+L_2+L_3} \tag{2-43}$$

$$M_x=Y_Ax-\frac{1}{6}q_x(x+L_1)^2 \tag{2-44}$$

（三）结构计算

（1）强度计算。

1）取弯矩最大部位，剪力最大部位，分别验算：

最大弯曲应力

$$\sigma_{\max}=\frac{M_{\max}y_1}{I_x}\leqslant[\sigma] \tag{2-45}$$

最大剪切应力

$$\tau_{\max}=\frac{Q_{\max}S_x}{I_xb_2}\leqslant[\tau] \tag{2-46}$$

2）弯矩和剪力相对较大的部位，应验算腹板和上（下）翼缘交界处的折算应力：

$$\sigma_{Jzh}=\sqrt{\sigma_J^2+3\tau_J^2}\leqslant 1.1[\sigma] \tag{2-47}$$

其中

$$\sigma_J=\frac{M_{max}y'}{I_x} \tag{2-48}$$

$$\tau_J=\frac{Q_{max}S_J}{I_x b_2} \tag{2-49}$$

（2）整体稳定性验算。

1）对于垂直次梁下悬臂段，受压翼缘自由长度 l_1 与翼缘宽度 b 的比值 l_1/b 较小，不必计算整体稳定性。

2）对于垂直次梁跨中段，受压翼缘与面板焊接，不必计算整体稳定性。

3）对于垂直次梁上悬臂段，应按 GB 50017 的相关要求进行整体稳定性计算。

（3）局部稳定计算。梁受压翼缘自由外伸宽度 b 与其厚度 t 之比应符合式（2-50）的要求：

$$b/t\leqslant 13\sqrt{235/\sigma_s} \tag{2-50}$$

箱形截面梁受压翼缘板在两腹板之间的无支承宽度 b_0 与其厚度 t 之比应符合式（2-51）的要求：

$$b_0/t\leqslant 40\sqrt{235/\sigma_s} \tag{2-51}$$

当箱形截面梁受压翼缘板设有纵向加劲肋时，式（2-51）中的 b_0 取为腹板与纵向加劲肋之间的翼缘板无支承宽度。

翼缘板自由外伸宽度 b 的取值，对于焊接构件，取腹板边至翼缘板（肢）边缘的距离；对于轧制构件，取内圆弧起点至翼缘板（肢）边缘的距离。

腹板计算高度 h_0 与其厚度 t_w 之比 $h_0/t_w\leqslant 80\sqrt{235/\sigma_s}$ 时，可不配置加劲肋；当 $h_0/t_w>80\sqrt{235/\sigma_s}$ 时，按照相关规定配置加劲肋。h_0/t_w 不宜大于 250。

第四节　主横梁式弧形钢闸门主框架设计

弧形钢闸门结构的计算假定采用平面体系，当闸门为主横梁式弧形闸门时，通常按主梁和支臂一起构成的平面框架计算。下面介绍各主框架的计算方法。

一、框架荷载计算

水压力、门重、支承反力、启闭力等荷载可以采用图解法或解析法分解为各主框架荷载，下面重点介绍解析法。

主横梁荷载按闸门静态挡水和动水启门两种工况进行计算。

（一）静态挡水工况

（1）静水压力引起的框架反力。总水压力 P 引起的上框架反力 R_{U1}、下框架反力 R_{D1} 如图 2-22 所示。

由此可列方程组：

$$\begin{cases}P\cos\alpha=R_{U1}\cos\alpha_2+R_{D1}\cos\alpha_3\\ P\sin\alpha=R_{U1}\sin\alpha_2+R_{D1}\sin\alpha_3\end{cases} \tag{2-52}$$

由方程组可以解得框架反力 R_{U1}、R_{D1}。

(2) 重力和闸门底部支承引起的框架反力。根据图 2-23 列方程组：

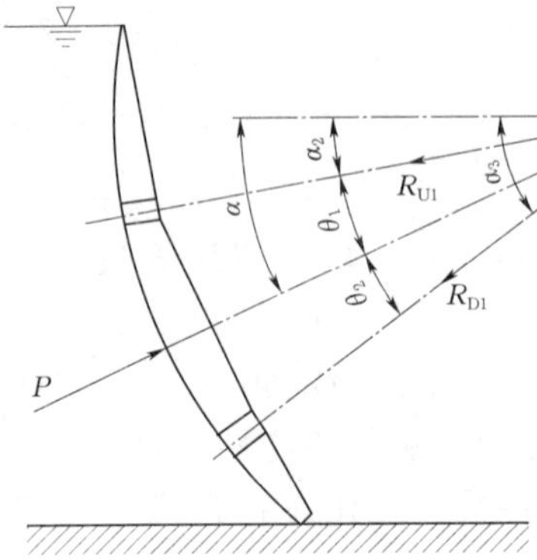

图 2-22 静水压力作用下的框架受力图

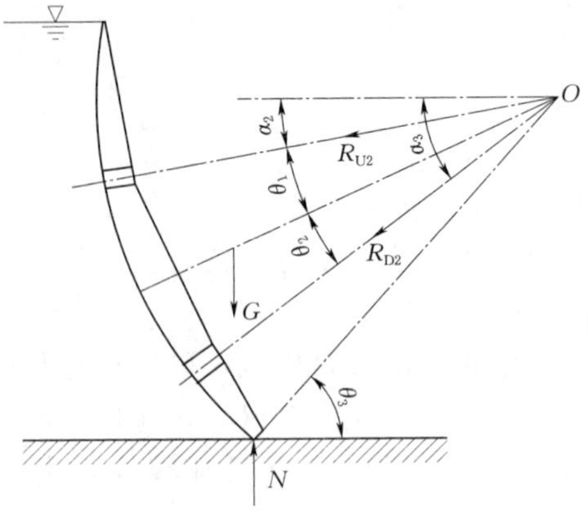

图 2-23 重力和闸门底部支承作用下的框架受力图

$$\begin{cases} N = G + R_{D2}\sin\alpha_3 + R_{U2}\sin\alpha_2 \\ R_{U2}\cos\alpha_2 + R_{D2}\cos\alpha_3 = 0 \\ 0.8RG\cos\alpha = NR\cos\theta_3 \end{cases} \tag{2-53}$$

式中 G——活动部分重量；

R——弧面半径；

重心距支铰中心水平距离假设为 $0.8R\cos\alpha$，由方程组可以解得框架反力 R_{U2}、R_{D2}。

(3) 框架荷载。静态挡水工况下认为上（下）框架反力之和是由静水压力、重力和闸门底部支承力相叠加，且均布作用在框架上，即均布荷载：

$$\begin{cases} q_U = \dfrac{R_{U1} + R_{U2}}{B_{ZS}} \\ q_D = \dfrac{R_{D1} + R_{D2}}{B_{ZS}} \end{cases} \tag{2-54}$$

式中 q_U——上框架均布荷载；

q_D——下框架均布荷载；

B_{ZS}——孔口宽度。

（二）动水启门工况

(1) 静水压力引起的框架反力。计算方法与静态挡水工况相同。

(2) 重力 G 和侧止水摩擦力 F_{ZS} 引起的框架反力（图 2-24）。

列方程组：

$$\begin{cases} R_{U3}\sin\alpha_2 + R_{D3}\sin\alpha_3 + G + F_{ZS}\cos\alpha = 0 \\ R_{U3}\cos\alpha_2 + R_{D3}\cos\alpha_3 = F_{ZS}\sin\alpha \end{cases} \tag{2-55}$$

由方程组可以解得框架反力 R_{U3}、R_{D3}。

(3) 启门力引起的框架反力（图 2-25）。

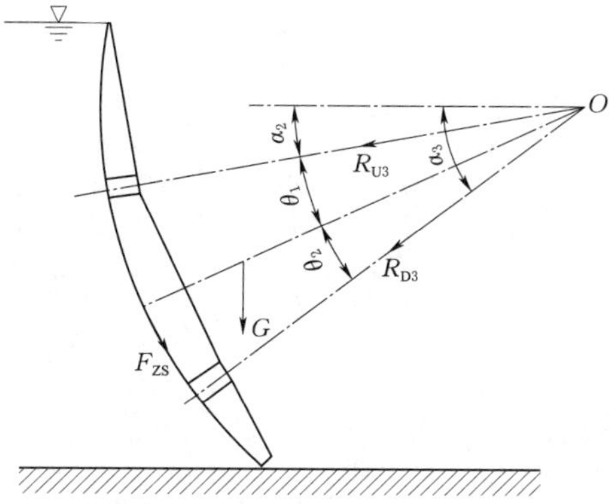

图 2-24 重力和侧止水摩擦力作用下的框架受力图

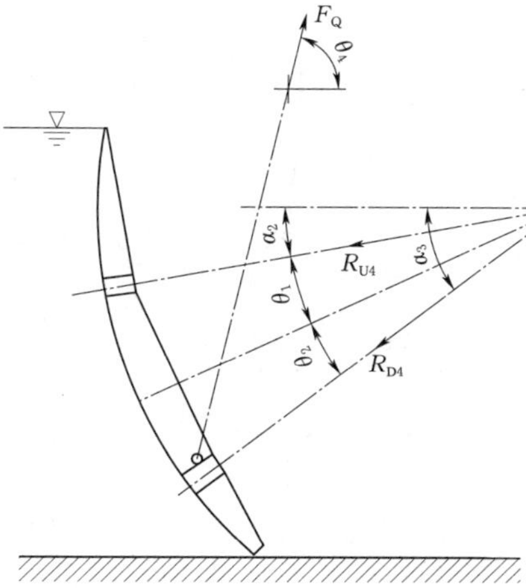

图 2-25 启门力作用下的框架受力图

列方程组：

$$\begin{cases}R_{U4}\sin\alpha_2+R_{D4}\sin\alpha_3=F_Q\sin\theta_4\\R_{U4}\cos\alpha_2+R_{D4}\cos\alpha_3=F_Q\cos\theta_4\end{cases} \tag{2-56}$$

由方程组可以解得框架反力 R_{U4}、R_{D4}。

(4) 框架荷载。动水启门工况下认为框架反力是由静水压力产生的均布荷载与重力、侧止水摩擦力以及启门力产生的集中荷载相叠加，即

均布荷载：

$$\begin{cases}q_U=\dfrac{R_{U1}}{B_{ZS}}\\q_D=\dfrac{R_{D1}}{B_{ZS}}\end{cases} \tag{2-57}$$

集中荷载：

$$\begin{cases}P'_{UJ}=R_{U3}+R_{U4}\\P'_{DJ}=R_{D3}+R_{D4}\end{cases} \tag{2-58}$$

假定下框架集中荷载 P'_{DJ} 作用在两吊耳的投影位置，则下框架主梁悬臂端的集中荷载为

$$P_{DJ}=\frac{1}{2}P'_{DJ} \tag{2-59}$$

(三) 荷载分析

比较静态挡水工况与动水启门工况的荷载计算结果，评估出最危险的工况作为设计工况，以此设计计算主框架的安全性。

二、框架内力计算

弧形钢闸门的支铰可以看作铰支座，故主框架可按双铰支座的静定结构计算。

(一) 斜支臂主框架的内力计算

如图 2-26 (a) 所示，框架所受的水压力为作用在主梁上的均布荷载，该均布荷载又可以等效地分解为如图 2-26 中 (b)、(c)、(d) 所示的三种荷载。

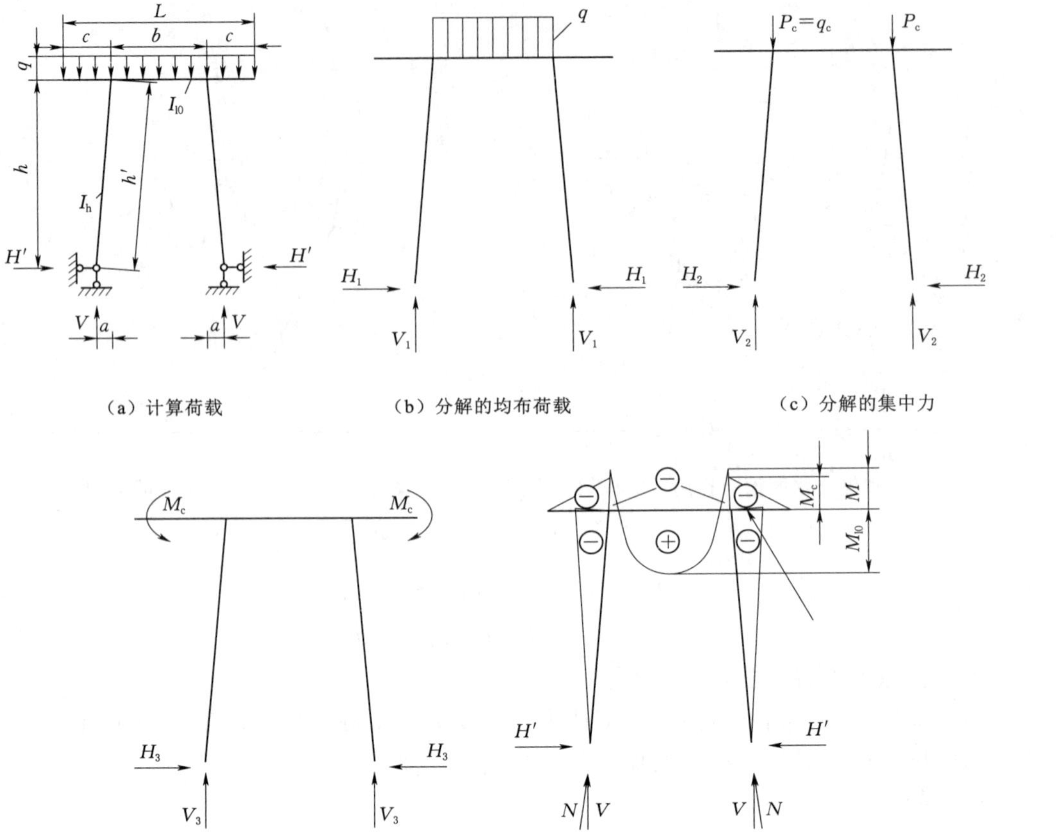

（a）计算荷载　（b）分解的均布荷载　（c）分解的集中力

（d）分解的弯矩　（e）M图

图 2-26　斜支臂主框架计算简图

则

$$V=V_1+V_2+V_3=\frac{qb}{2}+q_c+0=\frac{qL}{2} \tag{2-60}$$

$$H'=H_1+H_2+H_3=\frac{qb\left[b+2a(2K_0+3)\right]}{4h(2K_0+3)}+\frac{qac}{h}-\frac{3qc^2}{2h(2K_0+3)} \tag{2-61}$$

$$N=V\frac{h}{h'}+H'\frac{a}{h'} \tag{2-62}$$

$$M_c=-\frac{qc^2}{2} \tag{2-63}$$

$$M_h=Va-H'h \tag{2-64}$$

$$M=M_h+M_c \tag{2-65}$$

$$M_{l0}=\frac{qb^2}{8}+M_c+M_h \tag{2-66}$$

$$K_0=\frac{I_{l0}h'}{I_hb} \tag{2-67}$$

式（2-60）～式（2-67）中　V——支铰处垂直反力；
H'——支铰处水平反力；
M——主梁与支臂刚接点处负弯矩；
M_c——主梁悬臂段负弯矩；
M_h——支臂上之弯矩；
M_{l0}——主梁跨中弯矩；
q——均布荷载；
L——荷载宽度；
c——主梁悬臂段长度；
K_0——框架主梁单位刚度与支臂单位刚度的比值；
b——主梁计算跨度；
h'——斜支臂长度；
N——斜支臂轴向压力；
h——h'的纵向投影；
a——h'的横向投影。

（二）带悬臂的直支臂式主框架内力计算

带悬臂的直支臂式主框架计算简图如图2-27所示。

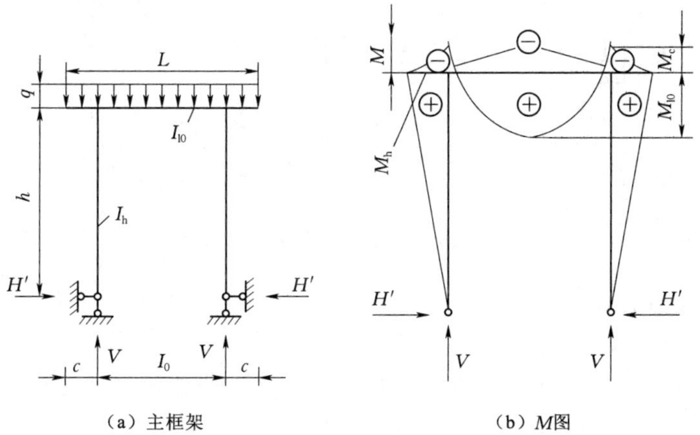

图2-27　带悬臂的直支臂式主框架计算简图

$$V=\frac{qL}{2} \tag{2-68}$$

$$H'=\frac{ql_0^2}{4h(2K_0+3)}-\frac{3qc^2}{2h(2K_0+3)} \tag{2-69}$$

$$M_c=-\frac{qc^2}{2} \tag{2-70}$$

$$M_h=-H'h \tag{2-71}$$

$$M=M_h+M_c \tag{2-72}$$

$$M_{l0}=\frac{ql_0^2}{8}+M_c+M_h \tag{2-73}$$

式中　h——支臂长度，即铰点至主梁中和轴线的距离。

（三）直支臂主框架的内力计算

直支臂主框架计算简图如图 2-28 所示。

$$V=\frac{ql_0}{2} \tag{2-74}$$

$$H'=\frac{ql_0^2}{4h(2K_0+3)} \tag{2-75}$$

$$M_h=-H'h \tag{2-76}$$

$$M_{l0}=\frac{ql_0^2}{8}-H'h \tag{2-77}$$

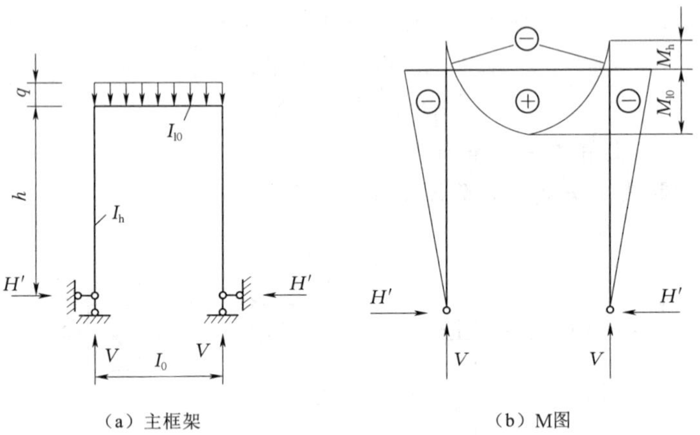

图 2-28　直支臂主框架计算简图

三、主框架应力验算

（一）主梁应力验算

（1）选择主横梁受力较大的部位，对此处强度进行计算：

$$\sigma=\frac{N}{A}\pm\frac{M}{W_x}\leqslant[\sigma] \tag{2-78}$$

$$\tau_{max}=\frac{QS_x}{I_xt}\leqslant[\tau] \tag{2-79}$$

（2）折算应力。对于弯矩和剪力都较大的部位，应验算腹板和上（下）翼缘交界处的折算应力：

$$\sigma_{Jzh}=\sqrt{\sigma_J^2+3\tau_J^2}\leqslant1.1[\sigma] \tag{2-80}$$

主横梁受压翼缘与面板焊接，不必验算整体稳定性，局部稳定性验算参考垂直次梁。

（二）支臂应力验算

按压弯构件进行支臂稳定性计算。

（1）支臂强度计算：

$$\sigma=\frac{N}{A}\pm\frac{M_h}{W_x}\leqslant[\sigma] \tag{2-81}$$

式中　N——支臂承受的轴心压力；

M_h——支臂承受的最大弯矩；

W_x——在弯矩作用平面内对受压最大纤维的毛截面模量。

（2）支臂的整体稳定计算。弯矩作用平面内的稳定性应满足：

$$\sigma=\frac{N}{\varphi_x A}+\frac{\beta_{mx}M_x}{W_x\left(1-0.8\frac{N}{N_{Ex}}\right)}\leqslant[\sigma] \tag{2-82}$$

式中　φ_x——弯矩作用平面内轴心受压构件稳定系数，通过附录二可查得；

β_{mx}——等效弯矩系数。

$$N_{Ex}=\frac{\pi^2 EA}{(1.1\lambda_x)^2} \tag{2-83}$$

弯矩作用平面外的稳定性应满足：

$$\sigma=\frac{N}{\varphi_y A}+\eta\frac{\beta_{tx}M_x}{\varphi_b W_1}\leqslant[\sigma] \tag{2-84}$$

式中　φ_y——弯矩作用平面外的轴心受压构件稳定系数；

φ_b——均匀弯曲的受弯构件整体稳定系数；

η——截面影响系数，闭口截面 $\eta=0.7$，其他截面 $\eta=1.0$；

β_{tx}——等效弯矩系数，在支臂计算中其值可取 1.0 计算。

为了便于设计，规定对压弯构件的整体稳定系数 φ_b 采用近似公式计算。这些公式已考虑了构件的弹塑性失稳问题，因此，当 $\varphi_b>0.6$ 时不必再换算。支臂的截面通常为双轴对称的 H 形和箱形，这两种截面 φ_b 取值如下。

1）双轴对称时的 H 形截面：

$$\varphi_b=1.07-\frac{\lambda_y^2}{44000}\frac{\sigma_s}{235} \tag{2-85}$$

当 $\varphi_b>1.0$ 时，取 $\varphi_b=1.0$。

2）箱形截面：$\varphi_b=1.0$

（3）支臂翼缘局部稳定性计算。

1）对于支臂箱形截面，受压翼缘板在两腹板之间的计算宽度与其厚度之比应满足：

$$\frac{b_1}{t_1}\leqslant 40\sqrt{\frac{235}{\sigma_s}} \tag{2-86}$$

2）对于有外伸翼缘的截面，受压翼缘板外伸宽度与其厚度之比应满足：

$$\frac{b_2}{t_1}\leqslant 13\sqrt{\frac{235}{\sigma_s}} \tag{2-87}$$

（4）支臂腹板局部稳定性计算：

$$\alpha_0=\frac{\sigma_{max}-\sigma_{min}}{\sigma_{max}} \tag{2-88}$$

式中　σ_{max}——腹板计算高度边缘的最大压应力，近似按计算截面支臂腹板最大压应力计算；

σ_{min}——腹板计算高度另一边缘相应的应力，近似按计算截面支臂腹板最小压应力计算。

支臂腹板计算高度与其厚度之比应满足：

$$\frac{b_3}{t_2} \leqslant (40 + 18\alpha_0^{1.5})\sqrt{\frac{235}{\sigma_s}} \tag{2-89}$$

当腹板不满足上式要求时，需采用有效截面进行强度及稳定计算，或设纵向加劲肋加强腹板以满足高厚比限制。

四、框架主梁与支臂的设计及构造要求

(1) 框架主梁的设计主要是依据其跨度和荷载的大小而决定采用轧成梁、组合梁或桁架。主梁承受弯矩、剪力和轴力，初选截面时，如果轴心力较小，可只考虑弯矩和剪力的作用，将容许应力适当降低10%左右。然后再按弯矩、剪力和轴力共同作用，验算主梁跨中截面的正应力以及支臂连接处主梁截而的正应力、剪应力和折算应力。

(2) 框架支臂可采用型钢、焊接“工”字形截面或箱形截面。选择支臂截面形式应考虑与主梁的连接方便。框架支臂一般为偏心受压柱，在框架平面内其计算长度 $h_0=\mu h$，h 为铰中心至主梁中和轴的距离，μ 为支臂计算长度系数。对主横梁式的矩形框架或梯形框架的支臂，其计算长度系数可取 1.2～1.5；对主纵梁式多层三角形框架的支臂，其计算长度系数可取 1.0。主横梁式框架柱平面外的计算长度取支承桁架中最长的一段节间长度。

(3) 主梁与支臂应采用能承受刚节点弯矩的刚性连接，其形式有焊接与螺栓连接两种。焊接连接的缺点是安装定位比较麻烦，同时一经安装完毕就无法再进行拆换。螺栓连接避免了上述缺点，目前应用最为普遍，其支臂与主梁的连接构造是在支臂的端部焊一个顶板，顶板的悬臂部分用肋板加强。顶板则用高强度螺栓与主梁翼缘相连。另外，在主梁下翼缘焊一个抗剪板，它与顶板的接触面须刨平顶紧，以承受支臂传来的侧推力。

第五节　弧形钢闸门零部件

一、支铰

弧形钢闸门的支铰是闸门重要的组成部分，它的作用是将闸门上全部水压力和部分门重传给闸墩，并保证闸门能绕水平轴转动，是弧形钢闸门的转动装置，其设计与安装要特别引起重视。

(一) 支铰的构造与分类

支铰由铰链、铰轴和底座三个主要的部件组成（图 2-29）。

支铰的形式有圆柱铰、圆锥铰、球形铰等。

圆柱铰结构简单，自重较轻，制造安装方便，因而造价低，应用最为广泛。铰链用螺栓连接在支承框架的垫板上，底座用螺栓固定在闸墩的牛腿或支承梁上，底座底板的布置方向通常与关门时的水压合力相垂直，铰轴通过轴端挡板使之固定在底座的承轴板上，轴套则压固在铰链孔内。考虑弧门有侧推力存在，因而需装设由耐磨材料制成的垫圈。圆柱铰铰链和底座常用铸钢 ZG230-450 制成，荷载较大时可用铸钢 ZG270-500 或 ZG310-

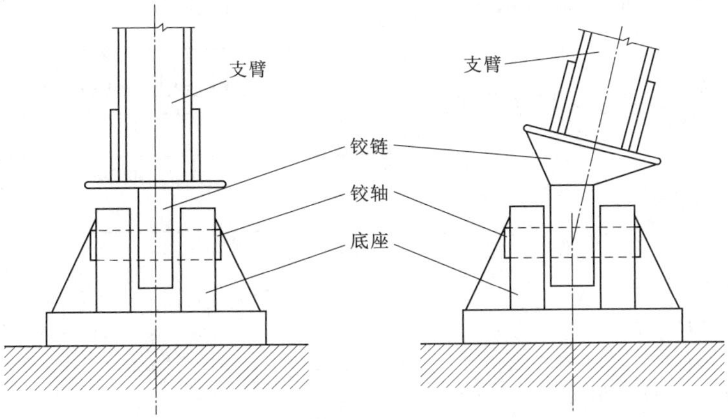

图 2-29　支铰的组成

570。铰轴一般采用 35 号、45 号优质碳素钢煅制，荷载大的高水头弧形钢闸门则用合金结构钢煅制，轴套采用青铜、复合材料等制成。这种支铰通常适用于当闸门跨度不大时（$L<12$m）的直支臂式主框架门型。

圆锥铰的主要组成部分为一根固定在闸墩侧面的圆锥形悬臂空心支承轴，这种铰轴的锥形承压面同支臂压力相垂直，且易于保证锥形轴套支铰的接触良好，但由于支承轴需承受较大的固端弯矩，使得铰座重量大、造价高。

球形铰可使铰链不仅能绕水平轴转动（闸门启闭时球面形衬垫随铰链一起转动），而且还能绕球面形衬垫在门架平面内做微小转动。这样完全符合门架支承处为铰接的假定。随着球面自润滑关节轴承的推广使用，球形铰在工程中的运用越来越广泛。

（二）圆柱铰的计算

（1）支铰上的荷载。如图 2-30 所示为启门过程中作用在支铰上的荷载，P 为总水压力的一半，G 为闸门自重的一半，Q 为启门力的一半，R 则为 G 和 Q 的合力，P 和 R 的合力为 F，F 可分解为垂直和平行铰座底面的分力 N 和 S。支铰承受的水平力 H 为上下框架侧向推力 H' 之和。除上述工况外，支铰零部件设计还应验算闸门关闭挡水不承受启门力及安装等工况的荷载组合作用下的强度。

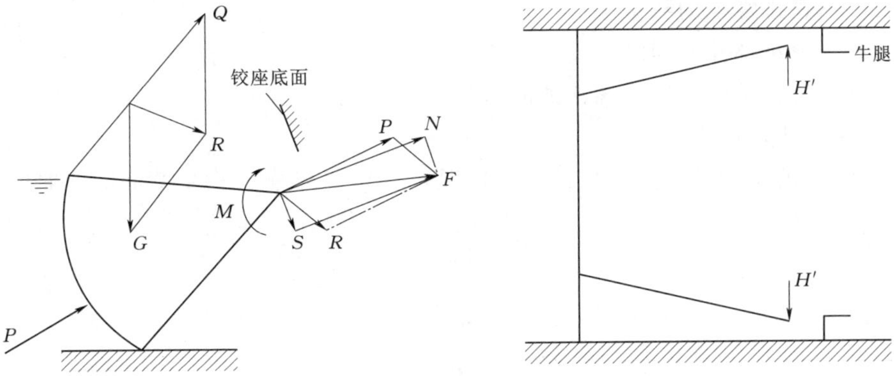

图 2-30　弧形钢闸门支铰受力简图

(2) 铰轴的计算。假定荷载沿轴套长均匀分布，铰轴受力计算简图如图 2-31 所示。

铰轴的弯应力：

$$\sigma=\frac{P(4a+l)}{0.785d^3}\leqslant[\sigma] \quad (2-90)$$

铰轴的剪应力：

$$\tau=\frac{8P}{3\pi d^2}\leqslant[\tau] \quad (2-91)$$

轴套的承压能力：

$$\sigma_{cg}=\frac{P}{dl}\leqslant[\sigma_{cg}] \quad (2-92)$$

轴承板的局部紧接承压应力：

$$\sigma_{cj}=\frac{P}{2d\delta}\leqslant[\sigma_{cj}] \quad (2-93)$$

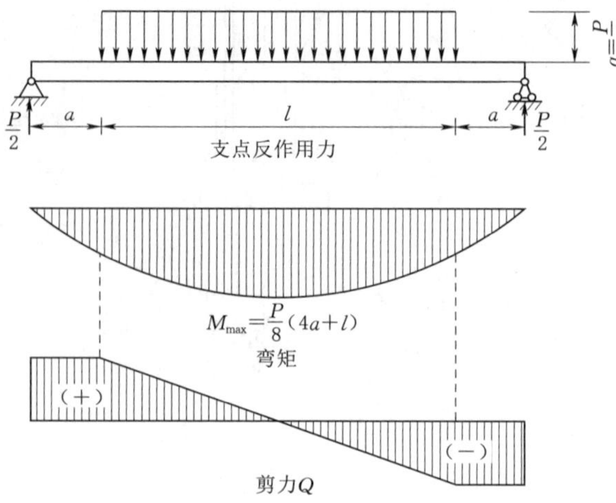

图 2-31　铰轴荷载及内力计算简图

式中　P——铰轴上的设计荷载，kN；

d——轴径，mm；

l——轴套长度，mm；

δ——轴支承座板一侧的总厚度，mm。

(3) 铰链的计算。铰链在轴孔中的厚度（即轴套长）应在铰轴计算中与轴径 d_0 同时确定。轴孔孔壁至铰链端部的厚度不应小于 $0.65d_0$。当支臂受拉时，应验算孔端的拉应力。

铰链与支臂通常采用粗制螺栓相连，承受两个方向的偏心力矩所引起的拉力，其一是由于 N 与侧推力 H' 不通过螺栓群中心而产生的力矩，其二是由 S 所引起的偏心力矩。分别算出边缘螺栓的拉力 N_1 和 N_2，则两种偏心力矩所引起的单个螺栓拉力 N^b 为

$$N^b=N_1+N_2=\frac{M_1}{nb}+\frac{M_2}{2K} \quad (2-94)$$

式中　M_1——由 N 与侧推力 H' 不通过螺栓群中心而产生的力矩，$M_1=Nz-H'x$；

M_2——由 S 所引起的偏心力矩，$M_2=SC$，其中 C 为铰轴中心与铰链顶板的垂直距离；

n——每排螺栓的数量；

b——两排螺栓的间距；

K——每排中两个边缘螺栓的间距。

用 N^b 值可计算螺栓直径。

如图 2-32 所示为铰链支承板的受力情况，其悬臂部分 A—A 截面的弯曲应力为

$$\sigma=\frac{M_A}{W_A}\leqslant[\sigma]$$

$$M_A=\frac{Na}{2} \quad (2-95)$$

$$W_A=\frac{B\delta^2}{6}$$

式中　B——支承板的宽度。

（4）铰座的计算。

1）铰座底板面积。当支铰埋设在混凝土牛腿上时，底板面积应根据混凝土承压强度来决定。支铰底板在作用力 N、S 和 H'的共同作用下，其支承混凝土表面承压力应满足：

$$\sigma_{\max}=\frac{N}{LB}+\frac{6Se}{LB^2}+\frac{6H'e}{L^2B}=\sigma_N+\sigma_S+\sigma_H\leqslant[\sigma_h] \quad (2-96)$$

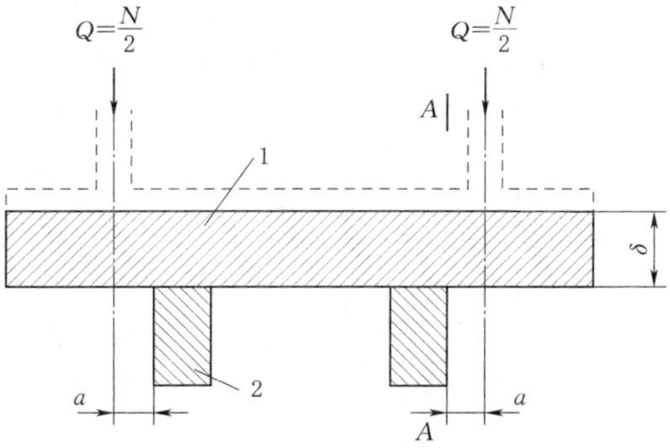

图 2－32　铰链支承板的受力情况

1—支承板；2—中间肋板

式中　e——支铰轴中心（即 S 和 H' 的作用点）到铰座底面的距离；

B、L——底板的边长；

σ_N、σ_S、σ_H——由力 N、S 和 H'在底板上引起的承压应力；

$[\sigma_h]$——混凝土的容许承压压力。

2）铰座底板的厚度。底板厚度分别按两边支承板，三边简支、另一边自由板，两相邻边简支、另两边自由的板来计算。其均匀荷载 q 可近似地认为等于 σ_N。则单位宽度底板上所受的最大弯矩计算有以下两种形式：

两边支承时：

$$M=\frac{ql^2}{8}-\frac{qc^2}{2} \quad (2-97)$$

三边简支或两相邻边简支时：

$$M=\beta qa^2 \quad (2-98)$$

式中　l、c——两边支承板的跨长与悬臂长；

β——系数，根据 b_l/a 值由表 2－8 查出，其中 b_l 和 a 如图 2－33 所示。

表 2－8　　β 系 数 表

b_l/a	0.50	0.60	0.70	0.80	0.90	1.00	1.20	1.40	2.00	>2.00
β	0.060	0.074	0.088	0.097	0.107	0.112	0.120	0.126	0.132	0.133

底板厚度可根据上述几种支承情况求得的最大弯矩来计算：

$$\delta\geqslant\sqrt{\frac{6M_{\max}}{[\sigma]}} \quad (2-99)$$

（三）球形铰的计算

球与球座间的压应力为

$$\sigma=m_1\frac{P}{R^2}\leqslant[\sigma] \quad (2-100)$$

$$m_1=\frac{3}{2\pi(1-\cos^3\theta)} \quad (2-101)$$

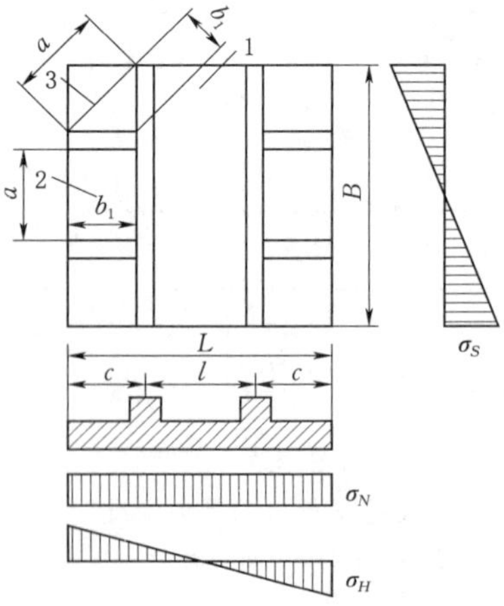

图 2-33 铰座底板的受力情况

1—两边支承板；2—三边简支一边自由板；3—两相邻边简支另两边自由板

式中 P——球形铰的荷载；

R——球形衬套表面的半径；

m_1——与 θ 角有关的系数；

θ——球与球座沿轴向包角的一半。

二、止水

闸门止水装置宜设在门叶上，各部位止水装置应具有连续性和严密性。对于一般的弧形钢闸门，止水装置按常规设计；对于高水头弧形钢闸门止水形式，可选用压紧式止水或充压式止水，也可根据运用条件经研究和试验确定。

（一）侧止水

露顶式弧形钢闸门的侧止水，可采用如图 2-34 所示的布置方式，图中（a）为 L 形橡胶止水，(b)、(c) 为圆头 P 形橡胶止水，安装时一般预留压缩量 3～5mm。固定水封的螺栓间距宜小于 150mm，止水装置宜选用不锈钢或镀锌紧固件。

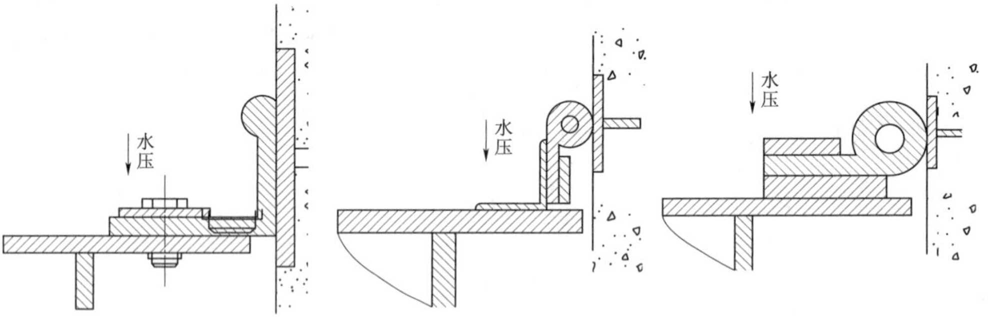

（a）L形橡胶止水　（b）圆头P形橡胶止水1　（c）圆头P形橡胶止水2

图 2-34 露顶式弧形钢闸门的侧止水

潜孔式弧形钢闸门的侧止水，一般采用方头 P 形橡皮，并使止水橡皮外侧面与面板同一弧面，以便与顶止水相配合（图 2-35）。

（二）底止水

露顶式弧形钢闸门的底止水，可采用如图 2-36 所示的橡皮止水。潜孔式弧形钢闸门，特别是采用双道顶止水的弧形闸门，在闸门启闭过程中，固定在门楣上的顶止水始终要与面板接触（图 2-37），因此，底止水的任何零件不能突出面板，故其底止水设于面板下游面，并采用沉头螺栓连接。这种结构往往要求弧形钢闸门的面板与底槛埋件接触，因此面板底部要加工成斜面。

闸门底部防渗漏应按下式验算：

$$\sigma_y \geqslant 0.0012\gamma H_S \tag{2-102}$$

式中 σ_y——闸门底止水在底槛上的压应力，N/mm^2；

γ——水的容重，kN/m^3；

H_S——由底槛算起的水头，m。

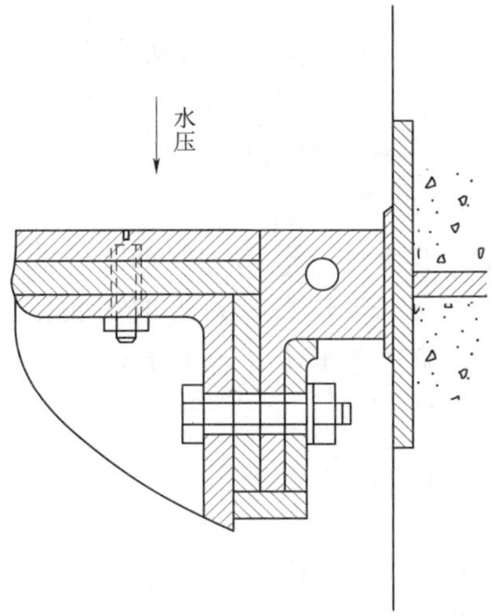

图 2-35　潜孔式弧形钢闸门的侧止水

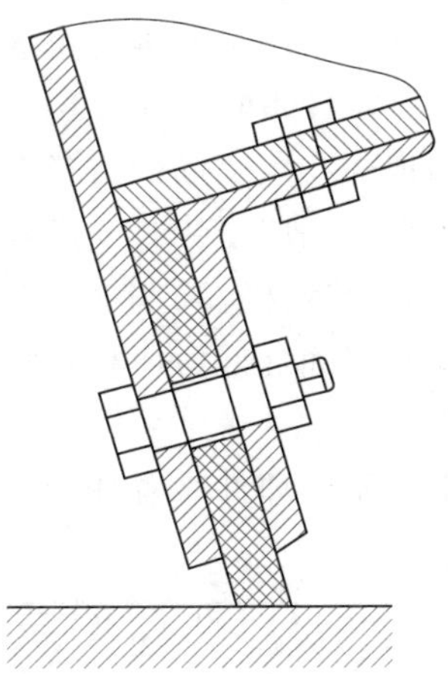

图 2-36　露顶式弧形钢闸门的底止水

（三）顶止水

弧形钢闸门顶止水一般设在迎水面。由于弧形钢闸门面板和门楣埋件存在不同程度的制造安装误差，加上闸门承受水压后，门叶的弯曲变形与支臂的压缩变形累加，可使闸门径向位移较大，高水头弧形钢闸门径向位移可达到 20～30mm，因此弧形钢闸门的顶止水应具有较大的适应性能，否则会因为顶止水选型与布置不当造成严重漏水及在闸门局部开启时门顶射流，造成止水橡皮的撕裂或引起闸门的振动，因此必须加以重视。

中高水头弧形钢闸门顶止水宜设置两道，即门叶上和门楣上各一道。门楣上水封和面板弧度的配合精度应满足闸门启闭过程中的止水要求。对于大跨度上游止水的潜孔闸门，顶止水装置应考虑顶梁弯曲变形的影响。应防止潜孔闸门顶水封在启闭过程中的翻卷现象，顶止水压板靠水封头的边缘宜做成翘头形式，如图 2-38 所示。

止水压板的厚度不宜小于 10mm，小型闸门可适当减薄。

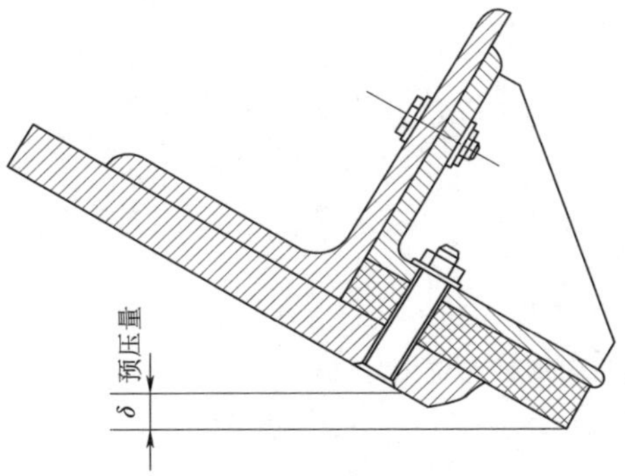

图 2-37　潜孔式弧形钢闸门的底止水

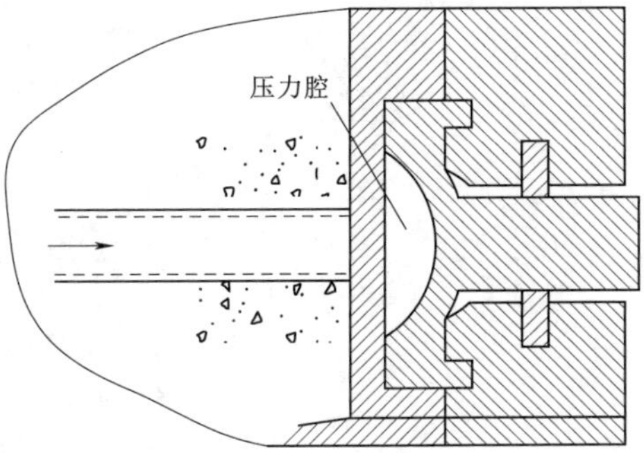

图 2-38　潜孔式弧形钢闸门的顶止水

三、埋件

闸门埋件将闸门所承受的荷载安全传递到混凝土基础中。对于承受外压作用的埋件，应复核在外压条件下的强度和稳定性。

门槽一期混凝土面与门叶间应有不小于100mm的距离。门槽高度小于10m的可适当减小。闸门埋件宜采用二期混凝土安装。二期混凝土宜有足够尺寸。安装埋件和锚固二期混凝土的锚筋，直径不宜小于16mm，伸出一期混凝土面的长度不宜小于150mm。低水头小孔口闸门埋件所用锚筋的直径及外伸长度可适当减小。

露顶式弧形钢闸门支铰宜支承在钢筋混凝土牛腿上，潜孔弧形钢闸门的支铰可支承在钢梁上。闸门底槛埋件宜采用“工”字形断面。当水头较高时，为增加底槛埋件与混凝土的接触面并使其嵌固良好，底槛埋件的断面尺寸应适当增大。低水头小孔口闸门的底槛埋件可适当简化。

表孔弧形钢闸门埋件布置如图2-39所示。

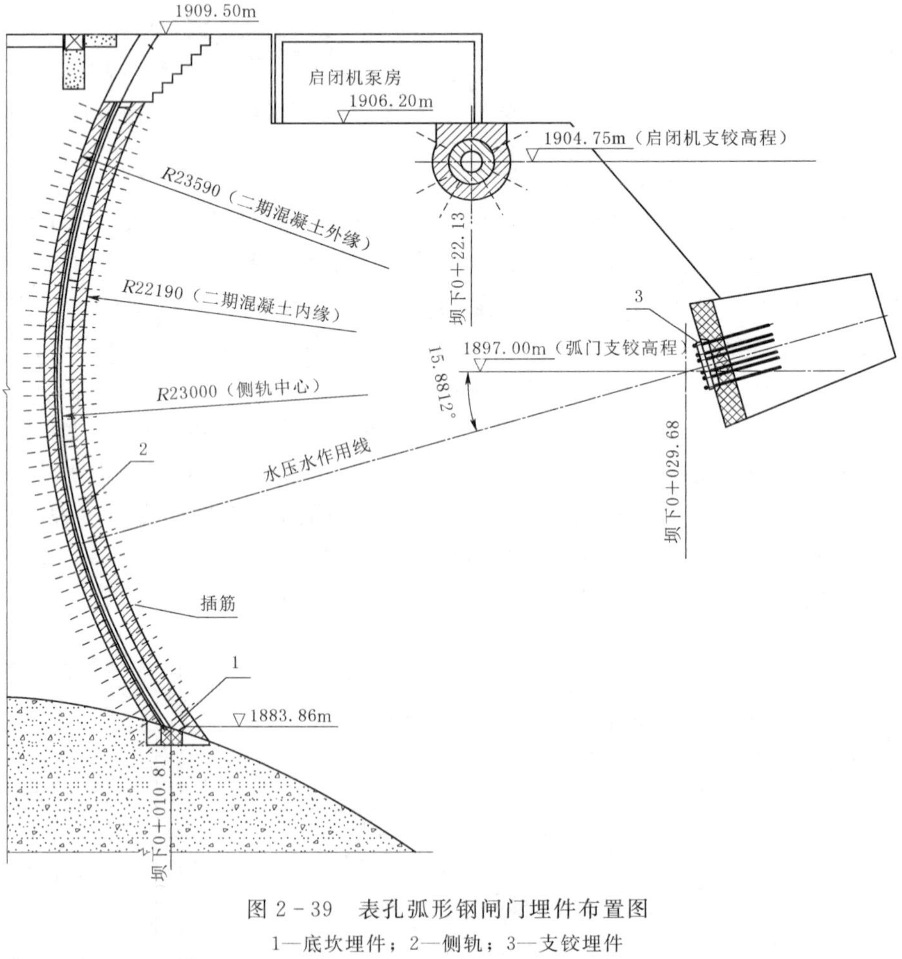

图2-39 表孔弧形钢闸门埋件布置图

1—底坎埋件；2—侧轨；3—支铰埋件

四、吊耳

弧形钢闸门吊耳的设计与平面闸门吊耳的设计方法大致相同，也分单、双吊点两种，闸门采用单吊点或双吊点应根据孔口大小、宽高比、启闭力、闸门及启闭机布置形式等因素确定。当宽高比大于 1.0 时，宜采用双吊点。

露顶式弧形钢闸门吊耳，采用液压启闭机时，宜布置在面板后面下主梁两端；采用卷扬式弧门启闭机时，可布置在闸门下主梁与支臂交点的面板前面。潜孔式弧形钢闸门的吊耳宜布置在门顶。

作用在吊耳、吊杆、连接轴、连接板和连接螺栓上的荷载，应按所选启闭机的启闭力（对操作多种类型闸门的移动式启闭机，应取各门相应的计算启闭力）乘以 1.1～1.2 的超载系数计算。因工作条件复杂，潜孔闸门上的吊耳，除考虑上述系数外，尚应予以适当增强。

吊耳宽度、厚度与吊耳孔直径关系如图 2-40 所示，并应按式（2-103）选用。

$$\left.\begin{aligned}B&=(2.4\sim2.6)d\\ \delta&\geqslant\frac{B}{20}\\ a&=(0.9\sim1.05)d\end{aligned}\right\}\qquad(2-103)$$

吊耳孔壁承压应力应按式（2-104）验算，吊耳孔拉应力应按式（2-105）验算：

$$\sigma_{cj}=\frac{P}{d\delta}\leqslant[\sigma_{cj}]\qquad(2-104)$$

$$\sigma_k=\sigma_{cj}\frac{R^2+r^2}{R^2-r^2}\leqslant[\sigma_k]\qquad(2-105)$$

式中　P——一个吊耳孔承受的荷载，N；

δ——吊耳板厚度，mm；

r——吊耳孔的半径，如图 2-40 所示；

R——吊耳孔壁有效受拉半径，取 $B/2$ 与（$r+a$）两者中小者；

$[\sigma_{cj}]$、$[\sigma_k]$——容许局部紧接承压应力和孔壁抗拉应力。

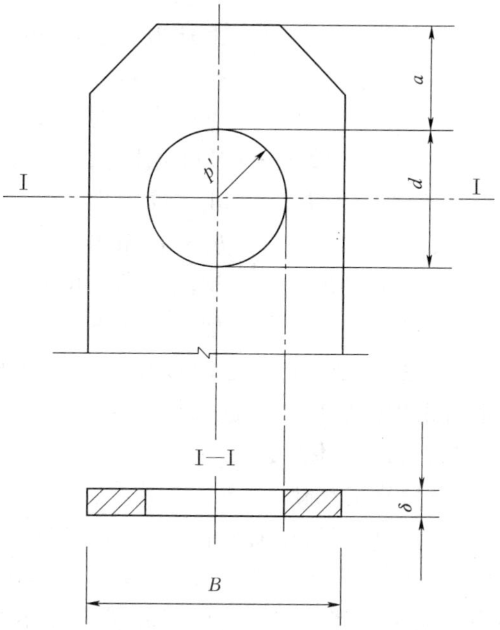

图 2-40　吊耳计算简图

采用轴承板调整吊耳孔位置时，两块轴承板的总厚度不应小于 1.2δ。

第六节　启闭力与启闭机械

一、弧形钢闸门启闭力计算

弧形钢闸门的启闭力不仅要克服门重对轴心的阻力矩，还要克服止水摩阻力、铰轴的摩阻力和下吸力对轴心的力矩。弧形钢闸门启闭力应按下列方法计算：

（1）闭门力按式（2-106）计算。计算结果为正值时需加重，为负值时依靠自重可以关闭。

$$F_W=\frac{1}{R_1}[n_T(T_{zd}r_0+T_{zs}r_1)+P_t r_3-n_G G r_2] \tag{2-106}$$

（2）启门力按式（2-107）计算：

$$F_Q=\frac{1}{R_2}[n_T(T_{zd}r_0+T_{zs}r_1)+n'_G G r_2+G_j R_1+P_x r_4] \tag{2-107}$$

式中 F_W、F_Q——闭门力和启门力，kN；

n_T——摩擦阻力系数，可采用1.2；

n_G——计算闭门力用的闸门自重修正系数，可采用0.9～1.0；

n'_G——计算启门力用的闸门自重修正系数，可采用1.0～1.1；

G——闸门自重，kN；

G_j——加重块重量（弧形钢闸门一般取为0），kN；

P_t——上托力（包括底缘上托力及止水上托力，对于弧形钢闸门一般忽略不计），kN；

P_x——下吸力（对于弧形钢闸门一般忽略不计），kN；

T_{zd}——支承摩阻力（对于铰轴摩阻力 $T_{zd}=fP$），kN；

T_{zs}——止水摩阻力，$T_{zs}=f_3P_{zs}$（f_3 为滑动摩擦系数），kN；

r_0、r_1、r_2、r_3、r_4——转动铰摩阻力、止水摩阻力、闸门自重、上托力和下吸力对弧形钢闸门转动中心的力臂，m；

R_1、R_2——加重（或下压力）和启门力对弧形钢闸门转动中心的力臂，m。

（3）弧形闸门启闭运动过程中，力的作用点、方向和力臂可随运动而变化，必要时最大值可采用绘制启闭力过程线确定。

二、启闭机械

（一）启闭机械

常用的启闭机械有螺杆式、固定卷扬式、移动卷扬式和液压式。启闭机械的配置应根据闸门形式、尺寸、孔口数量、吊耳设定的位置及运行条件等因素确定。选用启闭机的启闭力应大于计算启闭力，但同时还应符合启闭机系列标准规定，对于弧形钢闸门而言，一般多选用液压式或固定卷扬式启闭机。

（二）启闭机形式选择依据

（1）靠自重或加重关闭和要求在短时间内全部开启的闸门宜选用固定卷扬式启闭机或液压式启闭机。

（2）需要短时间内全部开启或有下压力要求的闸门宜选用液压式启闭机。

（3）需要下压力的小型闸门宜选用螺杆式启闭机。

第三章　弧形钢闸门设计计算实例分析

第一节　工 程 设 计 资 料

一、基本资料

孔口性质	表孔
闸门形式	露顶式斜支臂弧形钢闸门
孔口尺寸（宽×高）	13.0m×22.0m
弧门半径	27.0m
设计水头	22.0m
吊点距离	11.83m
底坎高程	1626.00m
设计水头	22.0m
水容重	$10kN/m^3$
操作方式	动水启闭
操作机械	2×3600kN 液压启闭机

二、材料的选用

（一）钢材

门叶主材选用 Q355C，水平次梁选用 Q235B。

(1) 焊接钢板（Q355C）：

1) $\delta \leqslant 16mm$ 时：

抗拉、抗压和抗弯	$[\sigma]=230N/mm^2$
抗剪	$[\tau]=135N/mm^2$
局部承压	$[\sigma_{cd}]=345N/mm^2$
局部紧接承压	$[\sigma_{cj}]=170N/mm^2$

2) $16mm<\delta \leqslant 40mm$ 时：

抗拉、抗压和抗弯	$[\sigma]=225N/mm^2$
抗剪	$[\tau]=135N/mm^2$
局部承压	$[\sigma_{cd}]=335N/mm^2$
局部紧接承压	$[\sigma_{cj}]=165N/mm^2$

(2) 型钢（Q235B）：

$\delta \leqslant 16mm$ 时：

抗拉、抗压和抗弯	$[\sigma]=160N/mm^2$

抗剪　　　　　　　　　　　$[\tau]=95\text{N/mm}^2$

（二）梁系容许挠度

主梁　　　　　　　　　　　$[f/L]=1/600$

一般次梁　　　　　　　　　$[f/L]=1/250$

三、结构布置

闸门为表孔双支臂弧形钢闸门，结构按双主横梁斜支臂布置，为增加闸门刚度和整体稳定性，梁系采用实腹式齐平连接，水平次梁穿过横隔板上的预留孔并被支承在横隔板上为连续梁，面板直接支撑在梁格的上翼缘上。水平次梁间距布置需考虑水压梯度变化，尽可能等载布置。闸门为双吊点，吊点距侧墙 850mm，吊耳位于下主梁。闸门结构布置如图 3－1 所示。

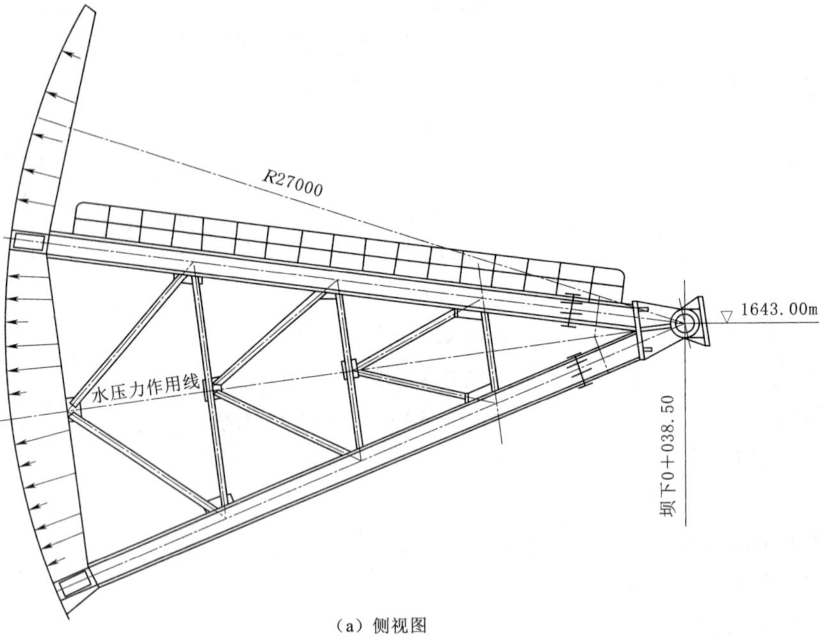

（a）侧视图

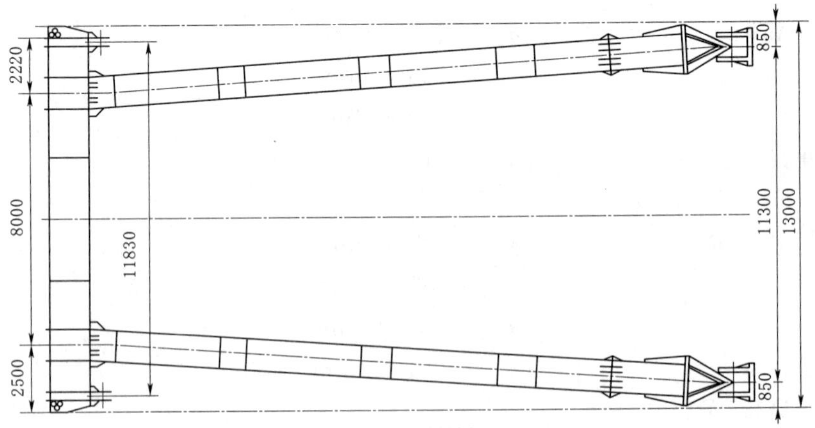

（b）俯视图

图 3－1　闸门结构布置

第二节　平面体系法设计

一、计算说明

（一）计算内容和目的

闸门结构设计包括以下内容：闸门门体结构形式选择，构件布置，构件及其连接件材料的选用和构件计算等。闸门门叶及埋件钢材钢号的选用，一般按《水利水电工程钢闸门设计规范》（SL 74—2019）规定，并根据不同情况选用。闸门一般采用焊接结构，其焊接结构的连接材料按有关机械性能及成分的常用材料手册选用。闸门门叶结构由面板、主梁、边梁、水平次梁及垂直次梁等构件组成，其具体位置的安排相互制约，需协调试算多次，以求得较为经济合理并便于制造运输的布置。梁系尺寸位置确定后，按照实际可能发生的最不利的荷载组合情况进行强度、刚度和稳定性验算。

本章采用平面体系法计算的结果需要与有限元模型结果对比，因此计算工况为静水挡水工况和闸门瞬开工况，另外，还对两个工况的上、下框架结构分别进行了计算。在实际工程设计中，一般通过对比两工况内力，选择较危险工况的危险框架进行结构计算，以减少计算量。

（二）计算原则和方法

在设计计算中贯彻执行国家的技术经济政策，确保质量，做到技术先进、经济合理、运行安全。本节计算采用平面体系的容许应力法。由于计算机的普及，将部分计算公式编为 Excel 表格，以提高工作效率。

二、计算依据

（1）《水利水电工程钢闸门设计规范》（SL 74—2019），以下简称《规范》。

（2）《钢结构设计标准》（GB 50017—2017）。

三、结构计算

（一）总水压力计算

（1）水平水压力：

$$P_S=\frac{1}{2}\gamma H_S^2B_{ZS}=\frac{1}{2}\times10\times22.0^2\times13.0=31460(\text{kN})$$

（2）垂直水压力：

$$\varphi_1=\arcsin\left(\frac{H-H_{zj}}{R}\right)=\arcsin\left(\frac{22-17}{27}\right)=10.6719°$$

$$\varphi_2=\arcsin\left(\frac{H_{zj}}{R}\right)\arcsin\left(\frac{17}{27}\right)=39.0228°$$

$$\varphi=\varphi_1+\varphi_2=49.6947°$$

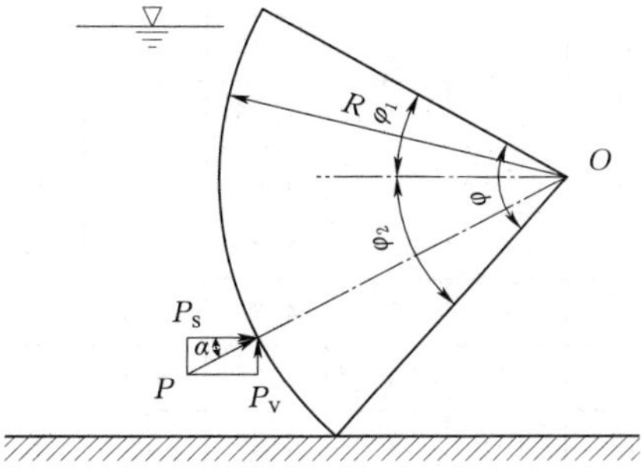

图 3-2　静水压力计算示意图

$$P_V=\frac{1}{2}\gamma R^2\left[\frac{\pi\varphi}{180}-2\sin\varphi_1\cos\varphi_2-\frac{1}{2}(\sin2\varphi_2-\sin2\varphi_1)\right]B_{ZS}$$

$$=\frac{1}{2}\times10\times27^2\times\left(\frac{\pi\times49.6947°}{180}-2\times\sin10.6719°\cos39.0228°\right)$$

$$-\frac{1}{2}\times[\sin(2\times39.0228°)-\sin(2\times10.6719°)]\times13.0$$

$$=12908.78(\text{kN})$$

（3）总水压力：

$$P=\sqrt{P_S^2+P_V^2}=\sqrt{31460^2+12908.78^2}=34005.42(\text{kN})$$

总水压力作用线水平角为

$$\alpha=\arctan\left(\frac{P_V}{P_S}\right)=\arctan\left(\frac{12908.78}{31460}\right)=22.3095°$$

（二）闸门面板初选

根据闸门梁格布置，选择受力较大的区格进行计算。

（1）为充分利用面板的强度，梁格布置时宜使面板的长短边比（b/a）大于1.5，并将长边布置在沿主梁轴线方向。

（2）面板的局部弯曲应力，可视支承边界情况，按四边固定（或三边固定一边简支或两相邻边固定，另两相邻边简支）的弹性薄板承受均布荷载（对于露顶式闸门的顶区格按三角形荷载）计算。

面板厚度按四边固定矩形弹性薄板进行初选计算，区格按照从下至上的顺序依次编号。计算结果见表3-1。

表3-1　　面板区隔计算表

区隔	a/mm	b/mm	b/a	k_y	α	S_i/m	φ_2	R/m	φ_i	q/(kN/m²)	[σ]/MPa	δ/mm
1	328	920	2.80	0.5	1.5	0.37	39.02	27	38.24	217.11	214	6.03
2	205	2000	9.76	0.5	1.4	0.78	39.02	27	37.39	213.97	214	3.87
3	265	2000	7.55	0.5	1.4	1.5	39.02	27	35.83	208.07	214	4.94
4	450	2000	4.44	0.5	1.4	1.99	39.02	27	34.80	204.09	214	8.31
5	450	2000	4.44	0.5	1.4	2.57	39.02	27	33.57	199.29	214	8.21
6	470	2000	4.26	0.5	1.4	3.16	39.02	27	32.32	194.34	214	8.46
7	470	2000	4.26	0.5	1.4	3.76	39.02	27	31.04	189.24	214	8.35
8	470	2000	4.26	0.5	1.4	4.36	39.02	27	29.77	184.06	214	8.24
9	470	2000	4.26	0.5	1.4	4.96	39.02	27	28.50	178.82	214	8.12
10	470	2000	4.26	0.5	1.4	5.56	39.02	27	27.22	173.52	214	8.00
11	470	2000	4.26	0.5	1.4	6.16	39.02	27	25.95	168.15	214	7.87
12	470	2000	4.26	0.5	1.4	6.76	39.02	27	24.68	162.73	214	7.75
13	480	2000	4.17	0.5	1.4	7.37	39.02	27	23.39	157.20	214	7.77
14	500	2000	4.00	0.5	1.4	7.99	39.02	27	22.08	151.48	214	7.95
15	510	2000	3.92	0.5	1.4	8.62	39.02	27	20.73	145.57	214	7.95
16	530	2000	3.77	0.5	1.4	9.27	39.02	27	19.35	139.47	214	8.09
17	540	2000	3.70	0.5	1.4	9.94	39.02	27	17.94	133.17	214	8.05
18	570	2000	3.51	0.5	1.4	10.62	39.02	27	16.49	126.62	214	8.29

续表

区隔	a/mm	b/mm	b/a	k_y	α	S_i/m	φ_2	R/m	φ_i	q/(kN/m²)	[σ]/MPa	δ/mm
19	580	2000	3.45	0.5	1.4	11.33	39.02	27	14.99	119.84	214	8.20
20	590	2000	3.39	0.5	1.4	12.04	39.02	27	13.47	112.91	214	8.10
21	600	2000	3.33	0.5	1.4	12.77	39.02	27	11.93	105.83	214	7.97
22	610	2000	3.28	0.5	1.4	13.50	39.02	27	10.37	98.62	214	7.83
23	435	2000	4.60	0.5	1.4	14.15	39.02	27	8.99	92.19	214	5.40
24	485	2000	4.12	0.5	1.4	15.11	39.02	27	6.95	82.69	214	5.70
25	720	2000	2.78	0.5	1.5	15.85	39.02	27	5.40	75.40	214	7.80
26	750	2000	2.67	0.5	1.5	16.71	39.02	27	3.56	66.78	214	7.65
27	770	2000	2.60	0.5	1.5	17.6	39.02	27	1.67	57.89	214	7.31
28	840	2000	2.38	0.5	1.5	18.54	39.02	27	0.31	48.54	214	7.30
29	970	2000	2.06	0.5	1.5	19.57	39.02	27	2.51	38.19	214	7.48
30	1320	2000	1.52	0.475	1.5	20.85	39.02	27	5.21	25.47	214	8.10

闸门面板厚度计算最大值为8.46mm，考虑钢板锈蚀因素，结合闸门结构计算，面板设计厚度选用13mm，结构计算中按12mm计。

（三）水平次梁的设计

闸门布置一根底、顶次梁和28根水平次梁。

（1）荷载及内力。水平次梁荷载按“近似取相邻间距和之半法”计算单位宽度荷载，见表3-2。

表3-2　　水平次梁荷载计算表

次梁	承载宽度/m	S_i/m	φ_2	R/m	φ_i	q/(kN/m²)	水压力/(kN/m)	跨数
底次梁	0.3	0.145	39.02	27	38.72	218.87	65.66	12
1	0.56	0.6	39.02	27	37.75	215.30	120.57	12
2	0.58	1.7	39.02	27	35.42	206.46	119.75	6
3	0.58	2.28	39.02	27	34.18	201.70	116.99	6
4	0.59	2.86	39.02	27	32.95	196.87	116.15	6
5	0.6	3.46	39.02	27	31.68	191.80	115.08	6
6	0.6	4.06	39.02	27	30.41	186.66	112.00	6
7	0.6	4.66	39.02	27	29.13	181.45	108.87	6
8	0.6	5.26	39.02	27	27.86	176.18	105.71	6
9	0.6	5.86	39.02	27	26.59	170.84	102.51	6
10	0.6	6.46	39.02	27	25.31	165.45	99.27	6
11	0.605	7.06	39.02	27	24.04	160.00	96.80	6
12	0.62	7.67	39.02	27	22.75	154.40	95.73	6

续表

次梁	承载宽度 /m	S_i/m	φ_2	R/m	φ_i	q /(kN/m^2)	水压力 /(kN/m)	跨数
13	0.635	8.3	39.02	27	21.41	148.56	94.34	6
14	0.65	8.94	39.02	27	20.05	142.57	92.67	6
15	0.665	9.6	39.02	27	18.65	136.35	90.67	6
16	0.685	10.27	39.02	27	17.23	129.97	89.03	6
17	0.705	10.97	39.02	27	15.74	123.26	86.90	6
18	0.715	11.68	39.02	27	14.24	116.40	83.23	6
19	0.725	12.4	39.02	27	12.71	109.40	79.32	6
20	0.735	13.13	39.02	27	11.16	102.26	75.16	6
21	0.745	13.87	39.02	27	9.59	94.98	70.76	6
22	0.825	15.42	39.02	27	6.30	79.63	65.70	6
23	0.865	16.27	39.02	27	4.50	71.17	61.56	6
24	0.89	17.15	39.02	27	2.63	62.39	55.52	6
25	0.935	18.05	39.02	27	0.72	53.39	49.92	6
26	1.035	19.02	39.02	27	1.34	43.69	45.22	6
27	1.275	20.12	39.02	27	3.67	32.70	41.70	6
28	1.649	21.57	39.02	27	6.75	18.26	30.12	6
顶梁	0.9315	23.42	39.02	27	10.67	0.00	0.00	6

底次梁采用 T 形截面，按 12 跨连续梁进行计算。全部水平次梁选用同一截面的“工”字形钢（I32a），2 号水平次梁承受荷载较大且跨长较大，所以选取底次梁和 2 号水平次梁进行结构计算，其计算简图如图 3－3 所示。

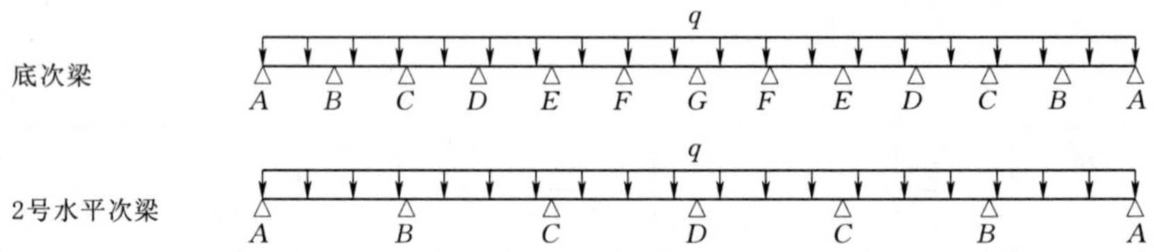

图 3－3　水平次梁结构计算简图

底次梁：

最大支座弯矩：　$M_{底支}=10.42\text{kN}\cdot\text{m}$

最大跨中弯矩：　$M_{底中}=9.15\text{kN}\cdot\text{m}$

最大剪力：　$Q_{底}=50.69\text{kN}$

2 号水平次梁：

最大支座弯矩：　$M_{2支}=58.66\text{kN}\cdot\text{m}$

最大跨中弯矩：　$M_{2中}=47.36\text{kN}\cdot\text{m}$

最大剪力：$Q_2=159.35\text{kN}$

(2) 截面特性。

底次梁及水平次梁的截面选型如图 3-4 所示。

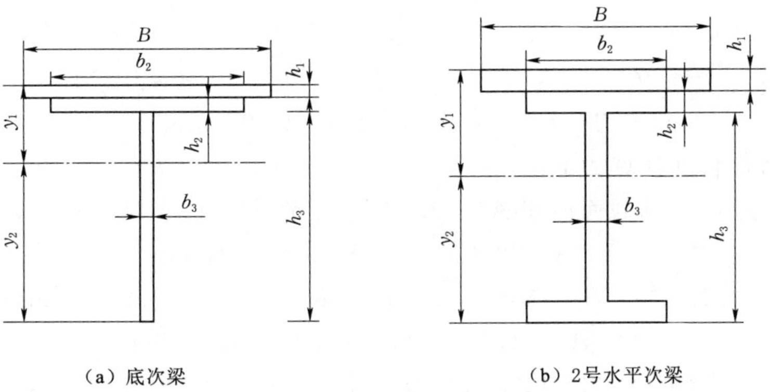

图 3-4　水平次梁截面计算简图

1) 底次梁截面特性。底次梁为 T 形截面。

底次梁支座处面板有效宽度 B 计算如下：

$$B=b_1+\frac{b_2}{2}$$

式中　b_1——底次梁下方面板自由端宽度，106mm；

b_2——底次梁上方区格有效宽度，$b_2=\xi_2 b$；

b——底次梁上方区格宽度，494mm。

次梁弯矩零点之间距离 $l_0=0.2l_1+0.2l_2=0.2\times1300+0.2\times920=444(\text{mm})$，故

$$\frac{l_0}{b}=\frac{444}{494}=0.899$$

查表 2-7 得　$\xi_2=0.272$

则　$b_2=0.272\times494=134(\text{mm})$

$$B=106+\frac{134}{2}=173(\text{mm})$$

底次梁截面特性计算如下：

截面面积：$A=173\times12+207\times18+320\times30=15402(\text{mm}^2)$

对面板前缘的面积矩：$S=2076\times6+3726\times21+9600\times190=1914702(\text{mm}^3)$

截面形心距：$y_1=S/A=1914702/15402=124.32(\text{mm})$

$y_2=350-124.32=225.68(\text{mm})$

惯性矩：$I_x=173\times12^3/12+2076\times118.32^2+207\times18^3/12+3726\times103.32^2+30\times320^3/12+9600\times65.68^2=192296943(\text{mm}^4)$

截面下半部对中和轴的面积矩：$S_x=30\times225.68\times225.68/2=763971.9(\text{mm}^3)$

2) 水平次梁截面特性。2 号水平次梁支座处面板有效宽度 B 计算如下：

$$B=\xi_2 b$$

式中　b——主次梁间距平均值，$b=(580+580)/2=580(\text{mm})$。

次梁弯矩零点之间距离 $l_0=0.2l_1+0.2l_2=0.2\times2220+0.2\times2000=844(\text{mm})$，故

$$\frac{l_0}{b}=\frac{844}{580}=1.455$$

查表 2-7：$\xi_2=0.409$

$$B=\xi_2 b=0.409\times580=237.22(\text{mm})$$

2 号次梁截面特性计算如下：

“工”字形钢 I32a 的截面面积 $A=67.12\text{cm}^2$，惯性矩 $I_x=11080\text{cm}^4$，则

截面面积：　　　$A=237.22\times12+6712=9558.64(\text{mm}^2)$

对面板前缘的面积矩：$S=2846.64\times6+6712\times172=1171543.84(\text{mm}^3)$

截面形心距：　$y_1=S/A=1171543.84/9558.64=122.56(\text{mm})$

$y_2=332-122.56=209.44(\text{mm})$

惯性矩：$I_x=237.22\times12^3/12+2846.64\times116.56^2+6712\times49.44^2+110800000$
$=165914788.58(\text{mm}^4)$

截面下半部对中和轴的面积矩：$S_x=130\times15\times201.94+9.5\times194.44^2/2$
$=573365.84(\text{mm}^3)$

表 3-3　水平次梁截面特性　单位：mm

位置	B	h_1	b_2	h_2	b_3	h_3
底次梁	173	12	320	18	30	320
2 号次梁	237	12	130	15	9.5	305

（3）应力计算。

底梁应力计算：

$$\sigma_{\max}=\frac{M_{底支}y_2}{I_x}=\frac{10.42\times10^6\times225.68}{192296943}=12.23(\text{N/mm}^2)$$

$$\tau_{\max}=\frac{Q_{底}S_x}{I_x b_3}=\frac{50.69\times1000\times763971.9}{192296943\times30}=6.71(\text{N/mm}^2)$$

水平次梁应力计算：

$$\sigma_{\max}=\frac{M_{2支}y_2}{I_x}=\frac{58.66\times10^6\times209.44}{165914788.58}=74.05(\text{N/mm}^2)$$

$$\tau_{\max}=\frac{Q_2S_x}{I_x b_3}=\frac{159.35\times1000\times573365.84}{165914788.56\times9.5}=57.97(\text{N/mm}^2)$$

由计算结果可以看出，应力在容许范围内，所以满足结构强度条件。次梁与面板刚性连接，不必验算整体稳定性。次梁挠度较小，计算略。

（四）垂直次梁的设计

选取中部垂直次梁进行分析，垂直次梁按两端悬臂简支梁计算，垂直次梁总长度按底水封至门顶弧面外缘展开长度计。

（1）垂直次梁结构计算简图如图 3-5 所示。

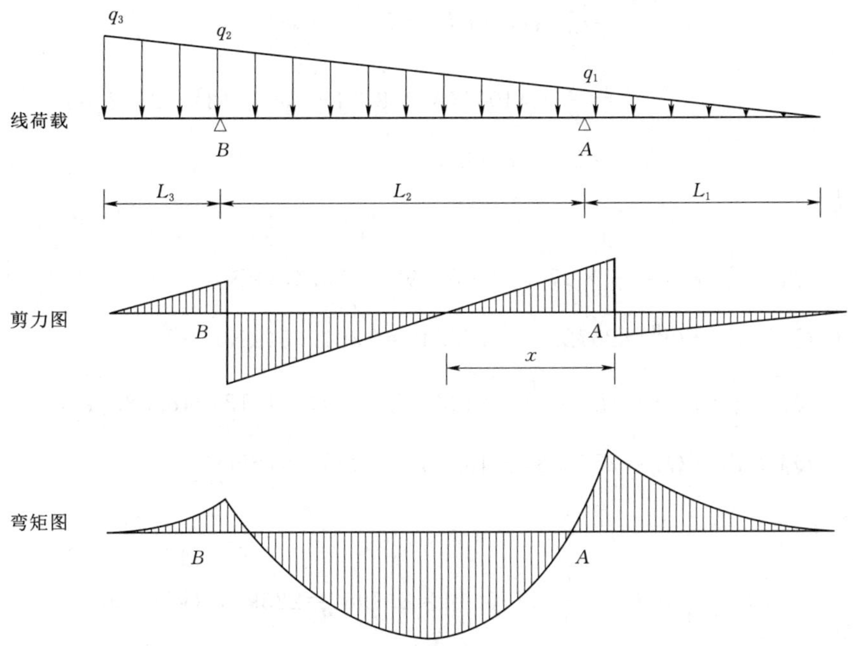

图 3-5　垂直次梁结构计算简图

图中：L_1 为上主梁至门顶的弧长，8.798m；L_2 为上、下主梁之间的弧长，13.5m；L_3 为下主梁至门叶底部的弧长，1.12m；q_1，q_2，q_3 为垂直次梁相应部位线荷载，$q_i = p_i b$；b 为垂直次梁承载宽度，2.0m；p_i 为垂直次梁相应部位压强，按下式计算：

$$p_i = \gamma\left\{H_s - \left[H - R\sin\left(\varphi_2 - \frac{180S}{\pi R}\right)\right]\right\} \times 10^{-6}\text{MPa}$$

式中　S——区格中心至底止水弧长，m；

　　H——支铰高度，$H = 17.0$m。

计算得

$$q_1 = 175.14\text{kN/m}$$
$$q_2 = 422.31\text{kN/m}$$
$$q_3 = 440\text{kN/m}$$

(2) 内力计算。

1) 支座反力。

A 点支座反力：

$$\begin{aligned} Y_A &= \frac{1}{L_2}\left[\frac{1}{6}(L_1 + L_2)^2 q_2 - \frac{1}{6}(q_2 + 2q_3)L_3^2\right] \\ &= \frac{1}{13.5}\left[\frac{1}{6}(8.798 + 13.5)^2 \times 422.31 - \frac{1}{6}(422.31 + 2\times 440)\times 1.12^2\right] \\ &= 2572.09(\text{kN}) \end{aligned}$$

B 点支座反力：

$$Y_B=\frac{1}{2}q_3(L_1+L_2+L_3)-Y_A$$
$$=\frac{1}{2}\times440\times(8.798+13.5+1.12)-2572.09$$
$$=2579.87(\text{kN})$$

2）剪力：

$$Q_A^R=\frac{1}{2}q_1L_1=\frac{1}{2}\times175.14\times8.798=770.43(\text{kN})$$
$$Q_A^L=Y_A-Q_A^R=2572.09-770.43=1801.66(\text{kN})$$
$$Q_B^L=\frac{1}{2}(q_2+q_3)L_3=\frac{1}{2}\times(422.31+440)\times1.12=482.89(\text{kN})$$
$$Q_B^R=Y_B-Q_B^L=2579.87-482.89=2096.98(\text{kN})$$

3）弯矩：

$$M_A=\frac{1}{6}q_1L_1^2=\frac{1}{6}\times175.14\times8.798^2=2259.45(\text{kN}\cdot\text{m})$$
$$M_B=\frac{1}{6}(q_1+2q_3)L_3^2=\frac{1}{6}\times(422.31+2\times440)\times1.12^2=272.27(\text{kN}\cdot\text{m})$$

设跨中最大弯矩距 A 支座的距离为 x，列等式：

$$\frac{x}{L_2-x}=\frac{Q_A^L}{Q_B^R}$$

则
$$x=\frac{L_2Q_A^L}{Q_B^R+Q_A^L}=\frac{13.5\times1801.66}{2096.98+1801.66}=6.24(\text{m})$$
$$q_x=\frac{(L_1+x)q_3}{L_1+L_2+L_3}=\frac{(8.798+6.24)\times440}{8.798+13.5+1.12}=282.55(\text{kN/m})$$
$$M_x=Y_Ax-\frac{1}{6}q_x(x+L_1)^2=2572.09\times6.24-\frac{1}{6}\times282.55\times(6.24+8.798)^2$$
$$=5400.46(\text{kN}\cdot\text{m})$$

计算结果见表 3－4。

表 3－4　　垂直次梁截面弯矩和剪力

计算项目	A 支座		B 支座		跨中
	A^L	A^R	B^L	B^R	A—B
弯矩/(kN·m)	2259.45		272.27		5400.46
剪力/kN	1801.66	770.43	482.89	2096.98	—

（3）截面特性。垂直次梁截面如图 3－6 所示。

拟定的截面尺寸见表 3－5。

表 3-5　　垂直次梁截面尺寸　　单位：mm

参　数	b_1	h_1	b_2	h_2	b_3	h_3
垂直次梁跨中	620	12	20	2140	360	30
垂直次梁 A 支座	1562			1461		
垂直次梁 B 支座	1000			1600		

1）跨中截面特性。垂直次梁跨中面板有效宽度 B 按下列 2 种方法计算，取较小值：

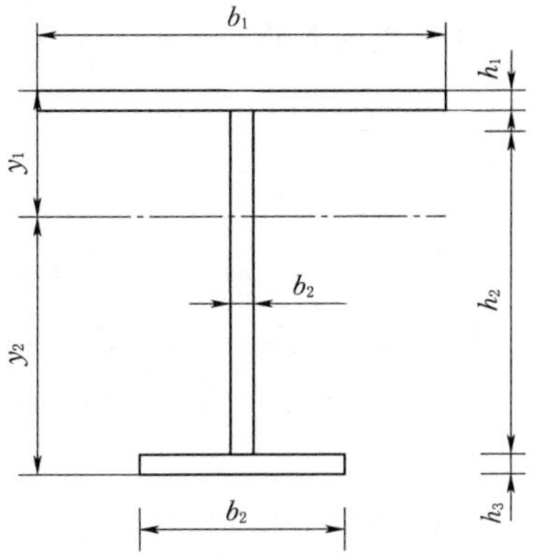

图 3-6　垂直次梁截面

$$B=\xi_1 b$$

式中　b——垂直次梁间距平均值，$b=(2000+2000)/2=2000(\text{mm})$。

正弯矩段长度　$l_0=0.6L_2=0.6\times13500=8100(\text{mm})$

$$\frac{l_0}{b}=\frac{8100}{2000}=4.05$$

查表 2-7：$\xi_1=0.902$

$$B=\xi_1 b=0.902\times2000=1804(\text{mm})$$

$$B\leqslant50\delta+b_0=50\times12+20=620(\text{mm})$$

根据以上计算结果取面板有效宽度为 620mm。

计算得跨中截面特性为

面积 A	61040mm^2
中和轴距上端距离 y_1	1142.82mm
中和轴距下端距离 y_2	1039.17mm
惯性矩 I_x	37436884967mm^4
中和轴以下面积矩 S_x	21245532mm^3

2）A 支座截面特性。垂直次梁 A 支座处面板有效宽度 B 计算如下：

$$B=\xi_2 b$$

式中　b——垂直次梁间距平均值，$b=(2000+2000)/2=2000(\text{mm})$。

负弯矩段长度 $l_0=L_1+0.2L_2=8798+0.2\times13500=11498(\text{mm})$

$$\frac{l_0}{b}=\frac{11498}{2000}=5.749$$

查表 2-7：$\xi_2=0.781$

$$B=\xi_2 b=0.781\times2000=1562(\text{mm})$$

取面板利用宽度 $B=1562\text{mm}$。

计算得 A 支座截面特性为

面积 A	58764mm^2
中和轴距上端距离 y_1	644.59mm
中和轴距下端距离 y_2	858.41mm
惯性矩 I_x	20804934356mm^4

惯性矩 I_y　　　　　3928650328mm^4

中和轴以下面积矩 S_x　　15971447mm^3

回转半径 i_y　　　　　258.56mm

3）B 支座截面特性。垂直次梁 B 支座处面板有效宽度 B 计算如下：

$$B=\xi_2 b$$

式中　b——垂直次梁间距平均值，$b=(2000+2000)/2=2000(\mathrm{mm})$。

负弯矩段长度　$l_0=L_3+0.2L_2=1120+0.2\times13500=3820(\mathrm{mm})$

$$\frac{l_0}{b}=\frac{3820}{2000}=1.91$$

查表 2-7：$\xi_2=0.5$

$$B=\xi_2 b=0.5\times2000=1000(\mathrm{mm})$$

取面板利用宽度 $B=1000$mm。

计算得 B 支座截面特性为

面积 A　　　　　　　54800mm^2

中和轴距上端距离 y_1　　796.12mm

中和轴距下端距离 y_2　　845.88mm

惯性矩 I_x　　　　　21783070623mm^4

中和轴以下面积矩 S_x　　15629995mm^3

（4）强度计算。

1）跨中 x 处弯矩最大，B 支座处剪力最大，分别计算。

最大弯曲应力（跨中应力）：

$$\sigma_{\max}=\frac{M_{\max}y_1}{I_x}=\frac{5400.46\times10^6\times1142.82}{37436884967}=164.84(\mathrm{N/mm^2})$$

最大剪切应力（B 支座）：

$$\tau_{\max}=\frac{Q_{\max}S_x}{I_x b_2}=\frac{2096.98\times10^3\times15629995}{21783070623\times20}=75.23(\mathrm{N/mm^2})$$

2）A 支座的弯矩和剪力相对较大，所以应对此支座进行验算腹板和上（下）翼缘交界处的折算应力：

$$\sigma_{\mathrm{J}}=\frac{M_{\max}y'}{I_x}=\frac{2259.45\times10^6\times(858.41-30)}{20804934356}=89.97(\mathrm{N/mm^2})$$

$$S=360\times30\times(858.41-0.5\times30)=9105480(\mathrm{mm^3})$$

$$\tau_{\mathrm{J}}=\frac{Q_{\max}S}{I_x b_2}=\frac{1801.66\times1000\times9105480}{20804934356\times20}=39.42(\mathrm{N/mm^2})$$

$$\sigma_{\mathrm{Jzh}}=\sqrt{\sigma_{\mathrm{J}}^2+3\tau_{\mathrm{J}}^2}=\sqrt{89.97^2+3\times39.42^2}=112.94(\mathrm{N/mm^2})$$

由计算结果可以看出，应力均在允许范围内，满足结构强度要求。

（5）稳定性计算。稳定性验算按《钢结构设计标准》（GB 50017—2017）执行。

1）整体稳定性验算。

垂直次梁下悬臂段：

受压翼缘自由长度 $l_1=1120$mm，翼缘宽度 $b=360$mm。

$$l_1/b=1120/360=3.1$$

不必计算整体稳定性。

垂直次梁跨中段：

受压翼缘与面板焊接，不必计算整体稳定性。

垂直次梁上悬臂段：

上悬臂段长度 $\lambda_y=\dfrac{L_1}{i_y}=\dfrac{8798}{258.56}=34.03<120\times\sqrt{\dfrac{235}{345}}=102$

整体稳定系数按下式计算：

$$\varphi_b=1.07-\frac{W_x}{(2\alpha_b+0.1)Ah}\times\frac{\lambda_y^2}{14000}\times\frac{345}{235},\quad \alpha_b=\frac{I_1}{I_1+I_2}$$

当 $\varphi_b>1.0$ 时，取 $\varphi_b=1.0$。

式中 I_1、I_2——受压翼缘和受拉翼缘对 y 轴的惯性矩。

$$\alpha_b=\frac{I_1}{I_1+I_2}=\frac{\dfrac{1}{12}\times30\times360^3}{\dfrac{1}{12}\times30\times360^3+\dfrac{1}{12}\times12\times1562^3}=0.0297$$

$$\begin{aligned}\varphi_b&=1.07-\frac{W_x}{(2\alpha_b+0.1)Ah}\times\frac{\lambda_y^2}{14000}\times\frac{345}{235}\\&=1.07-\frac{24236607}{(2\times0.0297+0.1)\times58764\times1503}\times\frac{34.03^2}{14000}\times\frac{345}{235}\\&=0.861\end{aligned}$$

整体稳定计算如下：

$$\frac{M_{\max}}{\varphi_bW_x}=\frac{2259.45\times10^6}{0.861\times24236607}=108.27(\text{N/mm}^2)<0.95[\sigma]=214(\text{N/mm}^2)$$

因此，整体稳定性满足要求。

2）局部稳定计算。受压翼缘板外伸宽度与其厚度之比 $\dfrac{b}{h_1}=(180-0.5\times20)/30=5.67<13\times\sqrt{\dfrac{235}{345}}=0.7$，满足翼缘局部稳定。

垂直次梁腹板跨中区格最大高度 $h_2=2140$mm，厚度 $b_2=20$mm。

$$80\sqrt{\frac{235}{345}}=66<\frac{h_2}{b_2}=\frac{2140}{20}=107<150\times\sqrt{\frac{235}{345}}=124$$

垂直次梁腹板需加横向肋板，跨中腹板主要承受弯应力，剪应力及局部压应力忽略不计，故区格的局部稳定应按下列公式计算：

$$\left(\frac{\sigma}{\sigma_{cr}}\right)^2=\left(\frac{131.87}{225}\right)^2=0.344<1$$

式中 σ——所计算腹板区格内，由平均弯矩产生的腹板计算高度边缘的弯曲压应力，近似按最大压应力的 0.8 倍计算，即 $0.8\times164.84=131.87(\text{N/mm}^2)$。

当通用宽厚比 $\lambda_b=\frac{2h_2/b_2}{177}\sqrt{\frac{345}{235}}=\frac{2\times(1142.82-12)/20}{177}\times\sqrt{\frac{345}{235}}=0.774\leqslant0.85$ 时

$$\sigma_{cr}=[\sigma]=225\text{N/mm}^2$$

腹板局部稳定性满足要求，横向肋板按构造配置。

（五）主横梁框架结构计算

（1）静态挡水工况。

1）主横梁荷载。

a. 静水压力引起的框架反力。总水压力 P 引起的上框架反力 R_{U1}、下框架反力 R_{D1} 如图 3-7 所示。图中 θ_1 为上支臂与总水压力线之间的夹角，θ_2 为下支臂与总水压力线之间的夹角，α 为总水压力线与水平线之间的夹角，α_2 为上支臂与水平线之间的夹角，α_3 为下支臂与水平线之间的夹角。

根据框架布置特点，有

$$\theta_1=14.3027°$$
$$\theta_2=14.3452°$$
$$\alpha=22.3095°$$

则

$$\alpha_2=\alpha-\theta_1=8.0068°$$
$$\alpha_3=\alpha+\theta_2=36.6547°$$

根据平衡条件可列方程组：

$$\begin{cases}P\cos\alpha=R_{U1}\cos\alpha_2+R_{D1}\cos\alpha_3\\P\sin\alpha=R_{U1}\sin\alpha_2+R_{D1}\sin\alpha_3\end{cases}$$

总水压力 $P=34005.42\text{kN}$

解方程组得

$$\begin{cases}R_{D1}=17522.79\text{kN}\\R_{U1}=17573.69\text{kN}\end{cases}$$

b. 重力和闸门底部支承引起的框架反力。

根据图 3-8 平衡条件列方程组：

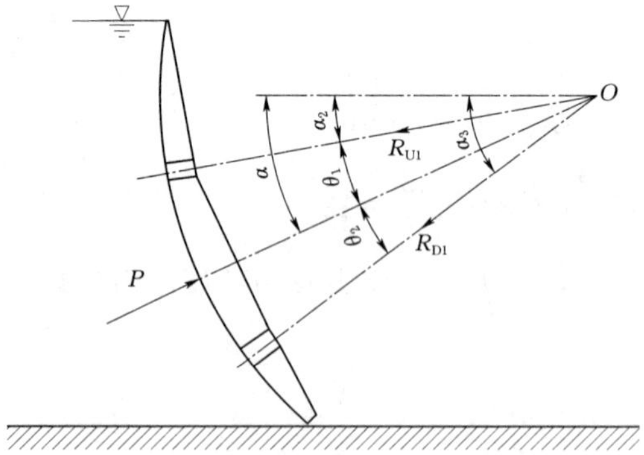

图 3-7　静水压力计算框架反力计算简图

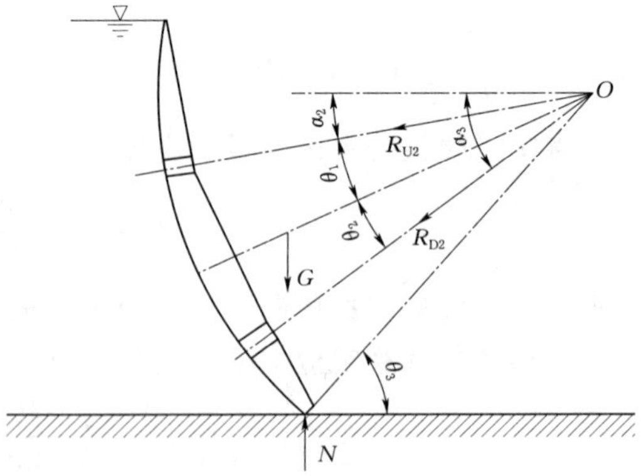

图 3-8　重力和底部支承约束计算框架反力计算简图

$$\begin{cases} N=G+R_{D2}\sin\alpha_3+R_{U2}\sin\alpha_2 \\ R_{U2}\cos\alpha_2+R_{D2}\cos\alpha_3=0 \\ 0.8RG\cos\alpha=NR\cos\theta_3 \end{cases}$$

门重 $G=2100$kN（活动部分重量），计算得

$$R_{D2}=-205.39\text{kN}$$

$$R_{U2}=166.35\text{kN}$$

$$N=2000.59\text{kN}$$

此种工况下认为上（下）框架反力之和是由静水压力、重力和闸门底部支承力相叠加，且均布作用在框架上，即

均布荷载：

$$q_U=\frac{R_{U1}+R_{U2}}{B_{ZS}}$$

$$q_D=\frac{R_{D1}+R_{D2}}{B_{ZS}}$$

计算得

$$q_U=1364.62\text{kN/m}$$

$$q_D=1332.11\text{kN/m}$$

2）截面特性计算。主梁和支臂均为“工”字形梁，如图 3-9 所示。

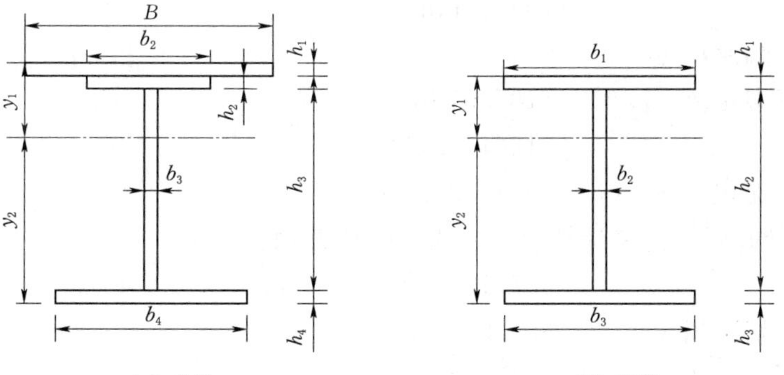

图 3-9　主梁及支臂截面示意图

a. 下主横梁截面。支座处面板参与主梁的有效宽度 B 计算如下：

$$B=\xi_2 b$$

式中　b——主次梁间距平均值，$b=(520+580)/2=550$(mm)。

负弯矩段长度 $l_0=c+0.2L=2220+0.2\times8000=3820$(mm)

根据 $\frac{l_0}{b}=\frac{3820}{550}=6.945$，查表 2-7 得 $\xi_2=0.811$。

$$B=\xi_2 b=0.811\times550=446.05(\text{mm})$$

计算得下主横梁支座截面特性为

面积 A　　　　　　　　105352.6mm^2

中和轴距上端距离 y_1　　962.34mm

中和轴距下端距离 y_2　　1199.66mm

惯性矩 I_x　　69753664514mm^4

中和轴以下面积矩 S_x　　39456252mm^3

下主梁跨中面板有效宽度 B 按下列两种方法计算，取较小值：

第一种方法：　　$B=\xi_1 b$

式中　b——垂直次梁间距平均值，$b=(520+580)/2=550(\text{mm})$。

正弯矩段长度约为 $l_0=0.6L=0.6\times8000=4800(\text{mm})$

$$\frac{l_0}{b}=\frac{4800}{550}=8.727$$

查表 2－7 得 $\xi_1=0.973$，则：

$$B=\xi_1 b=0.973\times550=535.15(\text{mm})$$

第二种方法：　　$B\leqslant50\delta+b_l$

式中　b_l——梁肋的上翼缘宽度；

δ——面板的厚度。

$$B\leqslant50\delta+b_l=50\times12+500=1100(\text{mm})$$

根据以上两种方法得出的计算结果，取面板有效宽度为 535.15mm。

计算得下主横梁跨中截面特性为

面积 A　　106422mm^2

中和轴距上端距离 y_1　　974.33mm

中和轴距下端距离 y_2　　1187.67mm

惯性矩 I_x　　71261789411mm^4

中和轴以下面积矩 S_x　　40128431mm^3

b. 上主横梁截面。同理计算得上主横梁支座截面特性为

面积 A　　107115mm^2

中和轴距上端距离 y_1　　981.98mm

中和轴距下端距离 y_2　　1180.02mm

惯性矩 I_x　　72222783247mm^4

中和轴以下面积矩 S_x　　40559002mm^3

上主横梁跨中截面特性为

面积 A　　108863mm^2

中和轴距上端距离 y_1　　1000.83mm

中和轴距下端距离 y_2　　1161.17mm

惯性矩 I_x　　74593976767mm^4

中和轴以下面积矩 S_x　　41628902mm^3

c. 支臂截面。计算得支臂截面特性为

面积 A　　111600mm^2

惯性矩 I_x　　35513313600mm^4

惯性矩 I_y　　4379054400mm^4

抵抗矩 W_x　　51768679mm^3

回转半径 i_x　　564.11mm

回转半径 i_y　　198.09mm

3）框架内力计算，只考虑静水压力、自重，框架计算简图如图 3-10 所示。

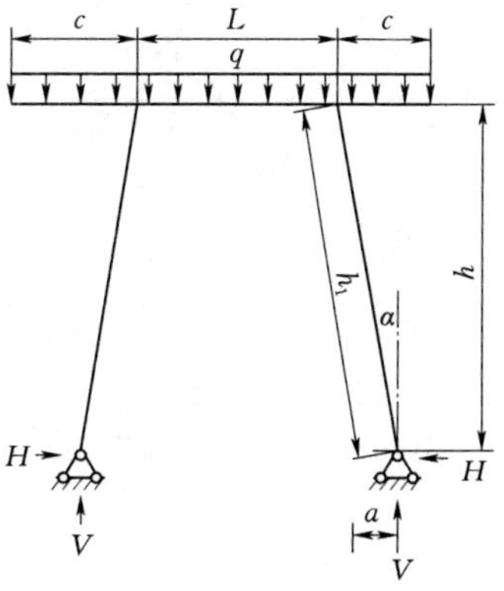

图 3-10　框架计算简图

上框架基本参数：

$$\alpha=\arctan\left(\frac{2500-850}{27000-2162}\right)=3.8006°$$

$$h=27000-981.98=26018.62(\text{mm})$$

$$a=h\tan\alpha=26018.62\times\tan3.8006°=1728.39(\text{mm})$$

$$c=a+850=2578.39(\text{mm})$$

$$L=13000-2c=7843.22(\text{mm})$$

$$h'=\sqrt{a^2+h^2}=\sqrt{1728.39^2+26018.62^2}=26075.37(\text{mm})$$

单位刚度比：$K_0=\dfrac{I_{l0}h'}{I_hL}=\dfrac{72222783247\times26075.37}{35513313600\times7843.22}=6.77$

下框架基本参数：

$$\alpha=\arctan\left(\frac{2500-850}{27000-2162}\right)=3.8006°$$

$$h=27000-962.34=26037.66(\text{mm})$$

$$a=h\tan\alpha=26037.66\times\tan3.8006°=1729.69(\text{mm})$$

$$c=a+850=2579.69(\text{mm})$$

$$L=13000-2c=7840.61(\text{mm})$$

$$h'=\sqrt{a^2+h^2}=\sqrt{1729.69^2+26037.66^2}=26095.05(\text{mm})$$

单位刚度比：$K_0=\dfrac{I_{l0}h'}{I_hL}=\dfrac{69753664513\times26095.05}{35513313600\times7840.61}=6.54$

斜支臂主框架内力计算公式为

$$H=H_1+H_2+H_3=-\frac{3qc^2}{2h(3+2K_0)}+\frac{qca}{h}+\frac{qL}{4h}\times\frac{L+2a(3+2K_0)}{3+2K_0}$$

$$V=\frac{1}{2}ql$$

图 3-11 为均布荷载引起的框架弯矩图，主梁各截面的弯矩为

$$M_1=-Hh+Va$$

$$M_2=-\frac{1}{2}qc^2$$

$$M_3=M_1+M_2$$

$$M_0=\frac{1}{8}qL^2+M_3$$

支臂的轴向力

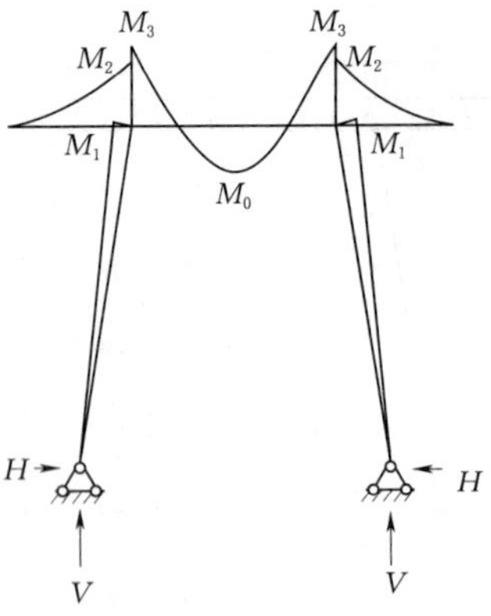

图 3-11　均布荷载引起的框架弯矩图

$$N=V\frac{h}{h'}+H\frac{a}{h'}$$

上框架和下框架的内力计算结果见表 3-6。

4）框架应力验算

a. 上框架应力验算

★主梁强度验算计算公式为

$$\sigma=\frac{N_L}{A}+\frac{M}{W_n}$$

$$\tau=\frac{QS_x}{I_x t}$$

主横梁跨中受力较大，对此处强度进行计算。

上主梁跨中：

表 3-6　　**内 力 计 算 表**

位置	q/(kN/m)	V/kN	H/kN	M_1/(kN·m)	M_2/(kN·m)	M_3/(kN·m)	M_0/(kN·m)	N/kN
上框架	1364.62	8870.02	606.39	−446.17	−4536.06	−4982.23	5511.03	8890.71
下框架	1332.11	8658.72	592.35	−446.40	−4432.48	−4878.88	5357.60	8678.94

$$\sigma=\frac{H_U}{A_U}+\frac{M_{U0}}{W_U}=\frac{606.39\times10^3}{107115}+\frac{5511.03\times10^6}{64240437.61}=91.45(\text{N/mm}^2)$$

支座内侧剪力较大，所以需要验算该处的剪应力。

上主梁支座内侧处：

$$Q_U=V_U-q_U c=8870.02-1364.62\times2578.39\times10^{-3}=5351.50(\text{kN})$$

$$\tau_U=\frac{Q_U S_x}{I_x t}=\frac{5351.50\times10^3\times40559002}{72222783247\times30}=100.18(\text{N/mm}^2)$$

折算应力：支座内侧的弯矩和剪力都较大，所以需要验算腹板和翼缘交界处的折算应力为

$$\sigma_{Jzh}=\sqrt{\sigma_J^2+3\tau_J^2}$$

$$\sigma_{U1}=\frac{N}{A}+\frac{My}{I_x}=\frac{606.39}{107114.5}+\frac{4982.23\times10^6\times(1180.02-30)}{72222783247}=79.34(\text{N/mm}^2)$$

$$S=900\times30\times(1180.02-0.5\times30)=31455540(\text{mm}^3)$$

$$\tau_{U1}=\frac{QS}{I_x d}=\frac{5351.50\times10^3\times31455540}{72222783247\times30}=77.69(\text{N/mm}^2)$$

$$\sigma_{U1zh}=\sqrt{\sigma_{U1}^2+3\tau_{U1}^2}=\sqrt{(79.34^2+3\times77.69^2)}=156.21(\text{N/mm}^2)$$

★支臂截面应力验算。

支臂强度计算：

$$\sigma_{max}=\frac{N_T}{A}+\frac{M_h}{W_x}=\frac{8890.71\times1000}{111600}+\frac{446.17\times10^6}{51768678.72}=88.28(\text{N/mm}^2)$$

$$\sigma_{min}=\frac{N_T}{A}-\frac{M_h}{W_x}=\frac{8890.71\times1000}{111600}-\frac{446.17\times10^6}{51768678.72}=71.05(\text{N/mm}^2)$$

支臂在弯矩作用平面内的稳定性计算：

支臂的长度 $l_x=\mu h=1.3\times(27000-2162)/\cos3.8006°=32360.57(\text{mm})$

支臂在弯矩作用平面内的长细比 $\lambda_x'=\dfrac{l_x}{i_x}=\dfrac{32360.57}{564.11}=57.37$

支臂材料为 Q345，假定长细比 $\lambda_x=\lambda_x'\sqrt{\dfrac{\sigma_s}{235}}=57.37\times\sqrt{\dfrac{345}{235}}=69.51$，查附录二得稳定系数 $\varphi_x=0.755$，则

$$N_{Ex}'=\frac{\pi^2EA}{1.1\lambda_x^2}=\frac{\pi^2\times2.06\times10^5\times111600}{1.1\times69.51^2}=42691744.16(\text{N})$$

$$\sigma=\frac{N_T}{\varphi_xA}+\frac{\beta_{mx}M_x}{W_x\left(1-0.8\dfrac{N_T}{N_{Ex}'}\right)}$$

$$=\frac{8890.71\times1000}{0.755\times111600}+\frac{1.0\times446.17\times10^6}{51768678.72\times\left(1-0.8\times\dfrac{8890.71\times1000}{42691744.16}\right)}$$

$$=115.86(\text{N/mm}^2)$$

支臂在弯矩作用平面外的稳定性计算：

支臂两侧向固定点之间的距离 $l_y=5100\text{mm}$

支臂在弯矩作用平面外的假定长细比 $\lambda_y=\dfrac{l_y}{i_x}\sqrt{\dfrac{\sigma_s}{235}}=\dfrac{5100}{198.09}\times\sqrt{\dfrac{345}{235}}=31.19$

支臂稳定性计算参考附录二，得稳定系数 $\varphi_y=0.931$，则

$$\varphi_b=1.07-\frac{\lambda_y^2}{44000}=1.07-\frac{31.19^2}{44000}=1.05>1.0$$

按规范取 $\varphi_b=1.0$，则

$$\sigma=\frac{N_T}{\varphi_yA}+\eta\frac{\beta_{tx}M_x}{\varphi_bW_x}=\frac{8890.71\times1000}{0.931\times111600}+1.0\times\frac{1.0\times446.17\times10^6}{1.0\times51768678.72}=94.19(\text{N/mm}^2)$$

支臂翼缘局部稳定性计算。对于支臂“工”字形截面，受压翼缘板外伸宽度与其厚度之比：

$$\frac{b}{h_1}=\frac{0.5\times(900-36)}{36}=12>13\times\sqrt{\frac{235}{345}}=10.7$$

不满足翼缘局部稳定，需要配置加劲肋。

支臂腹板局部稳定性计算：

$$\alpha_0=\frac{\sigma_{\max}-\sigma_{\min}}{\sigma_{\max}}=\frac{105.94-85.26}{105.94}=0.195$$

支臂腹板计算高度与其厚度之比：

$$\frac{h_2}{b_2}=\frac{1300}{36}=36.11<(16\alpha_0+0.5\lambda_x'+25)\times\sqrt{\frac{235}{345}}$$

$$=(16\times0.195+0.5\times57.37+25)\times\sqrt{\frac{235}{345}}=46.88$$

b. 下框架应力验算。

★主梁强度验算。主横梁跨中受力较大，对此处强度进行计算。因此：

$$\sigma=\frac{H_D}{A_D}+\frac{M_{D0}}{W_D}=\frac{592.35\times10^3}{106422}+\frac{5357.60\times10^6}{60001551.13}=94.86(\text{N/mm}^2)$$

下主梁支座内侧处：

$$Q_D=V_D-q_Dc=8658.72-1332.11\times2579.69\times10^{-3}=5222.29(\text{kN})$$

$$\tau_D=\frac{Q_DS_x}{I_xt}=\frac{5222.29\times10^3\times39456252}{69753664514\times30}=98.47(\text{N/mm}^2)$$

折算应力。支座内侧的弯矩和剪力都较大，所以需要验算腹板和翼缘交界处的折算应力：

$$\sigma_{Jzh}=\sqrt{\sigma_J^2+3\tau_J^2}$$

$$\sigma_{D1}=\frac{N}{A}+\frac{My}{I_x}=\frac{592.35\times1000}{105352.6}+\frac{4878.88\times10^6\times(1199.66-30)}{69753664514}=87.43(\text{N/mm}^2)$$

$$S=900\times30\times(1199.66-0.5\times30)=31985820(\text{mm}^3)$$

$$\tau_{D1}=\frac{QS}{I_xd}=\frac{5222.29\times10^3\times31985820}{69753664514\times30}=79.82(\text{N/mm}^2)$$

$$\sigma_{D1zh}=\sqrt{\sigma_{D1}^2+3\tau_{D1}^2}=\sqrt{(87.43^2+3\times79.82^2)}=163.58(\text{N/mm}^2)$$

★支臂截面应力验算。

支臂强度计算：

$$\sigma_{max}=\frac{N_T}{A}+\frac{M_h}{W_x}=\frac{8678.94\times1000}{111600}+\frac{446.40\times10^6}{51768678.72}=86.39(\text{N/mm}^2)$$

$$\sigma_{min}=\frac{N_T}{A}-\frac{M_h}{W_x}=\frac{8678.94\times1000}{111600}-\frac{446.40\times10^6}{51768678.72}=69.15(\text{N/mm}^2)$$

支臂在弯矩作用平面内的稳定性计算：

支臂的长度：

$$l_x=\mu h=1.3\times(27000-2162)/\cos3.8006°=32360.57(\text{mm})$$

支臂在弯矩作用平面内的长细比：

$$\lambda_x'=\frac{l_x}{i_x}=\frac{32360.57}{564.11}=57.37$$

支臂材料为 Q345，假定长细比 $\lambda_x=\lambda_x'\sqrt{\frac{\sigma_s}{235}}=57.37\times\sqrt{\frac{345}{235}}=69.51$，查附录二得稳定系数 $\varphi_x=0.755$，则

$$N_{Ex}'=\frac{\pi^2EA}{1.1\lambda_x^2}=\frac{\pi^2\times2.06\times10^5\times111600}{1.1\times69.51^2}=42691744.16(\text{N})$$

$$\sigma=\frac{N_T}{\varphi_xA}+\frac{\beta_{mx}M_x}{W_x\left(1-0.8\frac{N_T}{N_{Ex}'}\right)}$$

$$=\frac{8678.94\times1000}{0.755\times111600}+\frac{1.0\times446.40\times10^6}{51768678.72\times\left(1-0.8\times\frac{8678.94\times1000}{42691744.16}\right)}$$

$$=113.30(\text{N/mm}^2)$$

支臂在弯矩作用平面外的稳定性计算。支臂两侧向固定点之间的距离 $l_y=5100\text{mm}$

支臂在弯矩作用平面外的假定长细比 $\lambda_y=\dfrac{l_y}{i_x}\sqrt{\dfrac{\sigma_s}{235}}=\dfrac{5100}{198.09}\times\sqrt{\dfrac{345}{235}}=31.19$

支臂稳定性计算参考附录二，得稳定系数 $\varphi_y=0.931$，则

$$\varphi_b=1.07-\frac{\lambda_y^2}{44000}=1.07-\frac{31.19^2}{44000}=1.05>1.0$$

按规范取 $\varphi_b=1.0$，则

$$\sigma=\frac{N_T}{\varphi_y A}+\eta\frac{\beta_{tx}M_x}{\varphi_b W_x}=\frac{8678.94\times1000}{0.931\times111600}+1.0\times\frac{1.0\times446.40\times10^6}{1.0\times51768678.72}=92.15(\text{N/mm}^2)$$

支臂翼缘局部稳定性计算。对于支臂“工”字形截面，受压翼缘板外伸宽度与其厚度之比：

$$\frac{b}{h_1}=\frac{0.5\times(900-36)}{36}=12>13\times\sqrt{\frac{235}{345}}=10.7$$

不满足翼缘局部稳定，需要配置加劲肋。

支臂腹板局部稳定性计算：

$$\alpha_0=\frac{\sigma_{\max}-\sigma_{\min}}{\sigma_{\max}}=\frac{103.67-82.97}{103.67}=0.200$$

支臂腹板计算高度与其厚度之比：

$$\frac{h_2}{b_2}=\frac{1300}{36}=36.11<(16\alpha_0+0.5\lambda_x'+25)\times\sqrt{\frac{235}{345}}$$

$$=(16\times0.200+0.5\times57.37+25)\times\sqrt{\frac{235}{345}}=46.94$$

因此满足腹板局部稳定要求。

(2) 闸门瞬开工况。

1) 主横梁荷载。

a. 静水压力引起的框架反力（同闸门静态挡水工况下静水压力引起的框架反力）。

b. 重力 G 引起的框架反力（图 3－12）。

列竖直方向和水平方向平衡方程组：

$$\begin{cases}R_{U3}\sin\alpha_2+R_{D3}\sin\alpha_3+G=0\\R_{U3}\cos\alpha_2+R_{D3}\cos\alpha_3=0\end{cases}$$

求解得

$$\begin{cases}R_{U3}=3514.04\text{kN}\\R_{D3}=-4337.54\text{kN}\end{cases}$$

c. 启门力引起的框架反力（图 3－13）。

列竖直方向和水平方向平衡方程组：

$$\begin{cases}R_{U4}\sin\alpha_2+R_{D4}\sin\alpha_3=F_Q\sin\theta_4\\R_{U4}\cos\alpha_2+R_{D4}\cos\alpha_3=F_Q\cos\theta_4\end{cases}$$

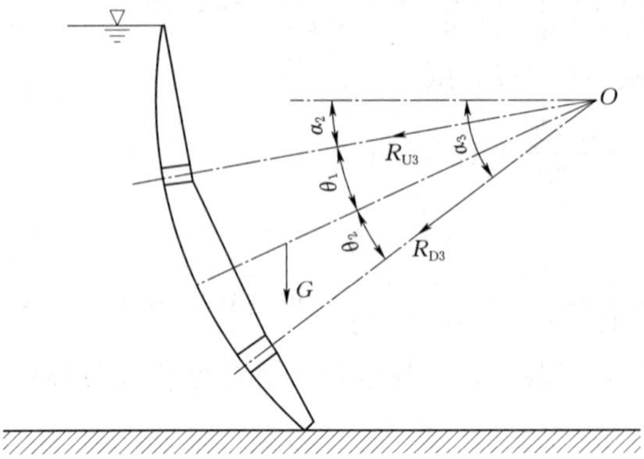

图 3-12　重力引起的框架反力计算简图

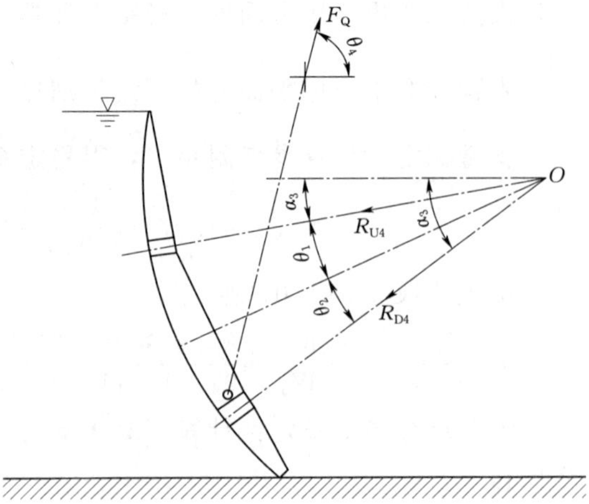

图 3-13　启闭力引起的框架反力计算简图

其中启闭力 $F_Q=4500\text{kN}$，与水平夹角 $\theta_4=64.5550°$。计算得：

$$\begin{cases}R_{U4}=-4392.14\text{kN}\\R_{D4}=7831.40\text{kN}\end{cases}$$

此种工况下认为框架反力是由静水压力产生的均布荷载与重力及启门力产生的集中荷载相叠加。

均布荷载：

$$q_U=\frac{R_{U1}}{B_{ZS}}=\frac{17573.69}{13}=1351.82(\text{kN/m})$$

$$q_D=\frac{R_{D1}}{B_{ZS}}=\frac{17522.79}{13}=1347.91(\text{kN/m})$$

集中荷载：

$$P'_{UJ}=R_{U3}+R_{U4}=3514.04-4392.14=-878.1(\text{kN})$$

$$P'_{DJ}=R_{D3}+R_{D4}=-4337.54+7831.40=3493.86(\text{kN})$$

假定下框架集中荷载 P'_{DJ} 作用下主梁闸门两吊耳在下主梁上的投影位置，则下框架主梁悬臂端的集中荷载：

$$P_{DJ}=\frac{1}{2}P'_{DJ}=1746.93\text{kN}$$

d. 荷载分析。静态挡水和闸门瞬开工况的荷载计算结果见表 3-7。

表 3-7　　荷载计算结果

工况	均布荷载/(kN/m)		集中荷载/kN			
	q_U	q_D	P'_{UJ}	P'_{DJ}	P_{DJ}	P_{UJ}
静态挡水	970	911	—	—	—	—
闸门瞬开	939	944	−240	2350	1175	−120

根据表 3-7 中两种工况下荷载各框架的荷载情况可知，在闸门瞬开工况下，下框架

承受的均布荷载及集中荷载共同作用，受力较大，在实际弧形钢闸门设计中应该对这种工况进行分析设计。但是，鉴于本案例的特殊性，对两种工况下的两个框架均进行设计计算。

2）截面特性计算（同闸门静态挡水工况下主梁及支臂的截面特性计算）。

3）框架内力计算。

考虑静水压力、自重、启门力（图 3-14），上框架基本参数：

$$\alpha=\arctan\left(\frac{2500-850}{27000-2162}\right)=3.8006°$$

$$h=27000-981.98=26018.62(\text{mm})$$

$$a=h\tan\alpha=26018.62\times\tan3.8006°=1728.39(\text{mm})$$

$$c=a+850=2578.39(\text{mm})$$

$$L=13000-2c=7843.22(\text{mm})$$

$$h'=\sqrt{a^2+h^2}=\sqrt{1728.39^2+26018.62^2}=26075.37(\text{mm})$$

单位刚度比 $$K_0=\frac{I_{10}h'}{I_hL}=\frac{72222783247\times26075.37}{35513313600\times7843.22}=6.77$$

下框架基本参数：

$$\alpha=\arctan\left(\frac{2500-850}{27000-2162}\right)=3.8006°$$

$$h=27000-962.34=26037.66(\text{mm})$$

$$a=h\tan\alpha=26037.66\times\tan3.8006°=1729.69(\text{mm})$$

$$c=a+850=2579.69(\text{mm})$$

$$L=13000-2c=7840.61(\text{mm})$$

$$h'=\sqrt{a^2+h^2}=\sqrt{1729.69^2+26037.66^2}=26095.05(\text{mm})$$

单位刚度比 $$K_0=\frac{I_{10}h'}{I_hL}=\frac{69753664513\times26095.05}{35513313600\times7840.61}=6.54$$

1）均布荷载产生的框架内力（同闸门静态挡水工况计算）见表 3-8。

表 3-8　　闸门瞬开工况均布荷载作用下内力计算表

位置	q/(kN/m)	V'/kN	H'/kN	M_1'/(kN·m)	M_2'/(kN·m)	M_3'/(kN·m)	M_0'/(kN·m)
上框架	1351.82	8786.85	600.70	−441.99	−4493.52	−4935.51	5459.35
下框架	1347.91	8761.39	599.37	−451.69	−4485.04	−4936.73	5421.12

2）集中荷载作用产生的框架内力（图 3-15）。

在集中力作用下，支铰处的垂直反力：

$$V''=P_J$$

主横梁悬臂端负弯矩：

$$M_2''=-P_J(c-x)$$

式中　x——集中力作用点与边墙的距离。

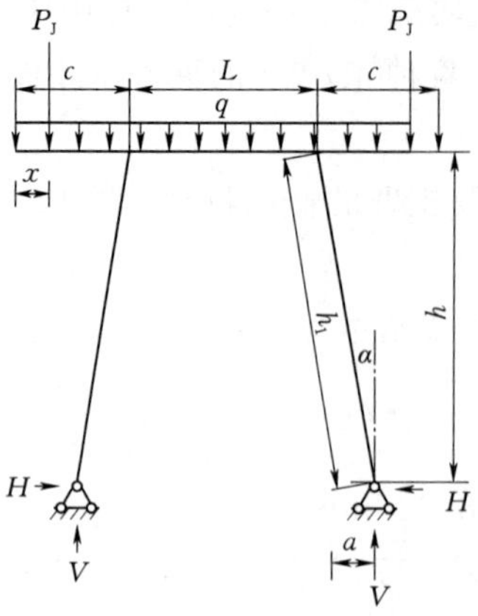

图 3-14　主框架结构计算简图

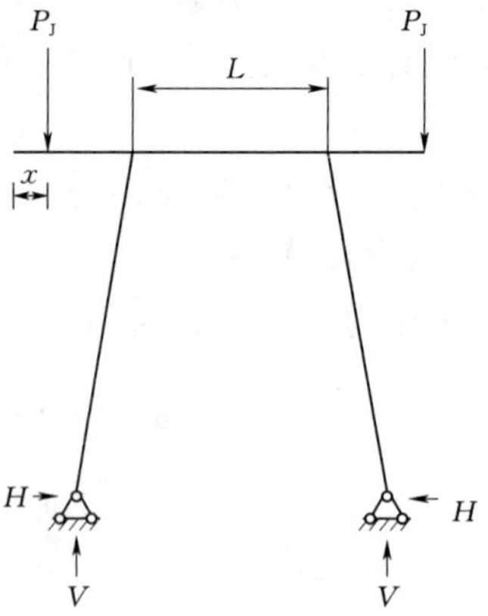

图 3-15　集中荷载下框架计算简图

支铰处水平推力：

$$H''_J=\frac{P_J a}{h}+\frac{3M''_2}{h(3+2K_0)}$$

集中荷载作用下的结果列于表 3-9。

表 3-9　　闸门瞬开工况集中荷载作用下内力计算表

位置	P_J/kN	V''/kN	H''/kN	M''_1/(kN·m)	M''_2/(kN·m)	M''_3/(kN·m)	M''_0/(kN·m)
上框架	−439.05	−439.05	−22.80	−165.54	912.52	746.98	746.98
下框架	1746.93	1746.93	90.01	678.06	−3633.08	−2955.02	−2955.02

3）框架内力叠加。内力叠加结果列于表 3-10。

表 3-10　　闸门瞬开工况内力叠加结果

位置	V/kN	H/kN	M_1/(kN·m)	M_2/(kN·m)	M_3/(kN·m)	M_0/(kN·m)
上框架	8347.79	577.90	−607.53	−3581.00	−4188.53	6206.33
下框架	10508.32	689.38	226.37	−8118.12	−7891.75	2466.10

主横梁悬臂端剪力：

$$Q_c=-qc-P_J$$

上主横梁悬臂端剪力：

$$Q_{Uc}=-q_U c-P_{UJ}=-1351.82\times2578.39\times10^{-3}+439.05=-3046.47(\text{kN})$$

下主横梁悬臂端剪力：

$$Q_{Uc}=-q_D c-P_{DJ}=-1347.91\times2579.69\times10^{-3}-1746.93=-5224.12(\text{kN})$$

主横梁支座内侧剪力：

$$Q=\frac{1}{2}qL$$

上主横梁支座内侧剪力：

$$Q_U=\frac{1}{2}q_U L=\frac{1}{2}\times1351.82\times7843.22\times10^{-3}=5301.32(\text{mm})$$

下主横梁支座内侧剪力：

$$Q_D = \frac{1}{2} q_D L = \frac{1}{2} \times 1347.91 \times 7840.61 \times 10^{-3} = 5284.21(\text{mm})$$

主横梁轴向压力：

$$N_L = H$$

上主横梁轴向压力：

$$N_{UL} = 577.90\text{kN}$$

下主横梁轴向压力：

$$N_{DL} = 689.38\text{kN}$$

支臂轴向压力：

$$N_T = V\cos\alpha + H\sin\alpha$$

上支臂轴向压力：

$$N_{UT} = V_U\cos\alpha + H_U\sin\alpha = 8347.79 \times \cos 3.8006° + 577.90 \times \sin 3.8006° = 8367.74(\text{kN})$$

下支臂轴向压力：

$$N_{DT} = V_D\cos\alpha + H_D\sin\alpha = 10508.32 \times \cos 3.8006° + 689.38 \times \sin 3.8006° = 10530.91(\text{kN})$$

4）框架应力验算。

a. 上框架应力验算。

★主梁强度验算。

主横梁强度计算时，内力考虑 1.1 的动力系数。

上主梁跨中：

$$\sigma = \frac{N_{UL}}{A_U} + \frac{M_{U0}}{W_U} = \frac{1.1 \times 577.90 \times 10^3}{107115} + \frac{1.1 \times 6206.33 \times 10^6}{64240437.61} = 112.21(\text{N/mm}^2)$$

支座内侧的剪力较大，所以需要验算此处的剪应力：

上主梁支座内侧处：

$$\tau_U = \frac{Q_U S_x}{I_x t} = \frac{1.1 \times 5301.32 \times 10^3 \times 40559002}{72222783247 \times 30} = 109.16\ (\text{N/mm})^2$$

折算应力：

$$\sigma_{Jzh} = \sqrt{\sigma_J^2 + 3\tau_J^2}$$

$$\sigma_{U1} = \frac{N_{UL}}{A} + \frac{My}{I_x} = \frac{1.1 \times 577.90 \times 1000}{107115.4} + \frac{1.1 \times 6206.33 \times 10^6 \times (1180.02 - 30)}{72222783247} = 114.64(\text{N/mm}^2)$$

$$S = 900 \times 30 \times (1180.02 - 0.5 \times 30) = 31455540(\text{mm}^3)$$

$$\tau_{U1} = \frac{QS}{I_x d} = \frac{1.1 \times 5301.32 \times 10^3 \times 31455540}{72222783247 \times 30} = 84.66(\text{N/mm}^2)$$

$$\sigma_{U1zh} = \sqrt{\sigma_{U1}^2 + 3\tau_{U1}^2} = \sqrt{(114.64^2 + 3 \times 84.66^2)} = 186.13(\text{N/mm}^2)$$

★支臂截面应力验算。支臂结构计算考虑 1.2 的动力系数。

支臂强度计算：

$$\sigma_{max} = \frac{N_T}{A} + \frac{M_h}{W_x} = \frac{1.2 \times 8367.74 \times 1000}{111600} + \frac{1.2 \times 607.53 \times 10^6}{51768678.72} = 104.06(\text{N/mm}^2)$$

$$\sigma_{\min}=\frac{N_{\mathrm{T}}}{A}-\frac{M_{\mathrm{h}}}{W_x}=\frac{1.2\times8367.74\times1000}{111600}-\frac{1.2\times607.53\times10^6}{51768678.72}=75.89(\mathrm{N/mm^2})$$

支臂在弯矩作用平面内的稳定性计算。支臂的长度：

$$l_x=\mu h=1.3\times(27000-2162)/\cos3.8006°=32360.57(\mathrm{mm})$$

支臂在弯矩作用平面内的长细比：

$$\lambda'_x=\frac{l_x}{i_x}=\frac{32360.57}{564.11}=57.37$$

支臂材料为 Q345，假定长细比 $\lambda_x=\lambda'_x\sqrt{\frac{\sigma_s}{235}}=57.37\times\sqrt{\frac{345}{235}}=69.51$，查附录二得稳定系数 $\varphi_x=0.755$，则

$$N'_{\mathrm{E}x}=\frac{\pi^2EA}{1.1\lambda_x^2}=\frac{\pi^2\times2.06\times10^5\times111600}{1.1\times69.51^2}=42691744.16(\mathrm{N})$$

$$\begin{aligned}\sigma&=\frac{N_{\mathrm{T}}}{\varphi_xA}+\frac{\beta_{\mathrm{m}x}M_x}{W_x\left(1-0.8\frac{N_{\mathrm{T}}}{N'_{\mathrm{E}x}}\right)}\\&=\frac{1.2\times8367.74\times1000}{0.755\times111600}+\frac{1.0\times1.2\times607.53\times10^6}{51768678.72\times\left(1-0.8\times\frac{8367.74\times1000}{42691744.16}\right)}\\&=135.87(\mathrm{N/mm^2})\end{aligned}$$

支臂在弯矩作用平面外的稳定性计算：

支臂两侧向固定点之间的距离 $l_y=5100\mathrm{mm}$

支臂在弯矩作用平面外的假定长细比

$$\lambda_y=\frac{l_y}{i_x}\sqrt{\frac{\sigma_s}{235}}=\frac{5100}{198.09}\times\sqrt{\frac{345}{235}}=31.19$$

支臂稳定性计算参考附录二，得稳定系数 $\varphi_y=0.931$，则

$$\varphi_{\mathrm{b}}=1.07-\frac{\lambda_y^2}{44000}=1.07-\frac{31.19^2}{44000}=1.05>1.0$$

按规范取 $\varphi_{\mathrm{b}}=1.0$，则

$$\begin{aligned}\sigma&=\frac{N_{\mathrm{T}}}{\varphi_yA}+\eta\frac{\beta_{\mathrm{t}x}M_x}{\varphi_{\mathrm{b}}W_x}=\frac{1.2\times8367.74\times1000}{0.931\times111600}+1.0\times\frac{1.0\times1.2\times607.53\times10^6}{1.0\times51768678.72}\\&=110.73(\mathrm{N/mm^2})\end{aligned}$$

支臂翼缘局部稳定性计算：

对于支臂“工”字形截面，受压翼缘板外伸宽度与其厚度之比为

$$\frac{b}{h_1}=\frac{0.5\times(900-36)}{36}=12>13\times\sqrt{\frac{235}{345}}=10.7$$

不满足翼缘局部稳定，需要配置加劲肋。

支臂腹板局部稳定性计算：

$$\alpha_0=\frac{\sigma_{\max}-\sigma_{\min}}{\sigma_{\max}}=\frac{104.06-75.89}{104.06}=0.271$$

支臂腹板计算高度与其厚度之比为

$$\frac{h_2}{b_2}=\frac{1300}{36}=36.11<(16\alpha_0+0.5\lambda_x'+25)\times\sqrt{\frac{235}{345}}$$

$$=(16\times0.271+0.5\times57.37+25)\times\sqrt{\frac{235}{345}}=47.89$$

结果满足腹板局部稳定要求。

b. 下框架应力验算

★主梁强度验算。下主横梁内侧受力（弯矩和轴力）较大，外侧弯矩较大，对两处强度进行计算。

下主梁支座内侧：

$$\sigma=\frac{N_{DT}}{A_D}+\frac{M_{D3}}{W_D}=\frac{1.1\times689.38\times10^3}{105352.6}+\frac{1.1\times7891.75\times10^6}{58144612.93}=156.50(\mathrm{N/mm^2})$$

下主梁支座外侧：

$$\sigma=\frac{M_{D2}}{W_D}=\frac{1.1\times8118.12\times10^6}{58144612.93}=153.58(\mathrm{N/mm^2})$$

支座内侧的剪力较大，所以需要验算此处的剪应力。

下主梁支座内侧处：

$$\tau_D=\frac{Q_D S_x}{I_x t}=\frac{1.1\times5284.21\times10^3\times39456252}{69753664514\times30}=109.60(\mathrm{N/mm^2})$$

折算应力：

$$\sigma_{Jzh}=\sqrt{\sigma_J^2+3\tau_J^2}$$

$$\sigma_{D1}=\frac{N}{A}+\frac{My}{I_x}=\frac{1.1\times689.38\times1000}{105352.6}+\frac{1.1\times7891.75\times10^6\times(1199.66-30)}{69753664514}=152.76(\mathrm{N/mm^2})$$

$$S=900\times30\times(1199.66-0.5\times30)=31985820(\mathrm{mm^3})$$

$$\tau_{D1}=\frac{QS}{I_x d}=\frac{1.1\times5284.21\times10^3\times31985820}{69753664514\times30}=88.85(\mathrm{N/mm^2})$$

$$\sigma_{D1zh}=\sqrt{\sigma_{D1}^2+3\tau_{D1}^2}=\sqrt{(152.76^2+3\times88.85^2)}=216.84(\mathrm{N/mm^2})$$

★支臂截面应力验算。支臂结构计算考虑 1.2 的动力系数。

支臂强度计算：

$$\sigma_{max}=\frac{N_T}{A}+\frac{M_h}{W_x}=\frac{1.2\times10530.91\times1000}{111600}+\frac{1.2\times226.37\times10^6}{51768678.72}=118.48(\mathrm{N/mm^2})$$

$$\sigma_{min}=\frac{N_T}{A}-\frac{M_h}{W_x}=\frac{1.2\times10530.91\times1000}{111600}-\frac{1.2\times226.37\times10^6}{51768678.72}=107.99(\mathrm{N/mm^2})$$

支臂在弯矩作用平面内的稳定性计算。支臂的长度：

$$l_x=\mu h=1.3\times(27000-2162)/\cos3.8006°=32360.57(\mathrm{mm})$$

支臂在弯矩作用平面内的长细比：

$$\lambda_x'=\frac{l_x}{i_x}=\frac{32360.57}{564.11}=57.37$$

支臂材料为Q345，假定长细比 $\lambda_x=\lambda'_x\sqrt{\frac{\sigma_s}{235}}=57.37\times\sqrt{\frac{345}{235}}=69.51$，查附录二得稳定系数 $\varphi_x=0.755$，则

$$N'_{Ex}=\frac{\pi^2 EA}{1.1\lambda_x^2}=\frac{\pi^2\times 2.06\times 10^5\times 111600}{1.1\times 69.51^2}=42691744.16(\text{N})$$

$$\sigma=\frac{N_T}{\varphi_x A}+\frac{\beta_{mx}M_x}{W_x\left(1-0.8\frac{N_T}{N'_{Ex}}\right)}$$

$$=\frac{1.2\times 10530.91\times 1000}{0.755\times 111600}+\frac{1.0\times 1.2\times 226.37\times 10^6}{51768678.72\times\left(1-0.8\times\frac{10530.91\times 1000}{42691744.16}\right)}$$

$$=156.52(\text{N/mm}^2)$$

支臂在弯矩作用平面外的稳定性计算。支臂两侧向固定点之间的距离 $l_y=5100\text{mm}$，则支臂在弯矩作用平面外的假定长细比

$$\lambda_y=\frac{l_y}{i_x}\sqrt{\frac{\sigma_s}{235}}=\frac{5100}{198.09}\times\sqrt{\frac{345}{235}}=31.19$$

支臂稳定性计算参考附录二，得稳定系数 $\varphi_y=0.931$，则

$$\varphi_b=1.07-\frac{\lambda_y^2}{44000}=1.07-\frac{31.19^2}{44000}=1.05>1.0$$

按规范取 $\varphi_b=1.0$，则

$$\sigma=\frac{N_T}{\varphi_y A}+\eta\frac{\beta_{tx}M_x}{\varphi_b W_x}=\frac{1.2\times 10530.91\times 1000}{0.931\times 111600}+1.0\times\frac{1.0\times 1.2\times 226.37\times 10^6}{1.0\times 51768678.72}$$

$$=126.88(\text{N/mm}^2)$$

支臂翼缘局部稳定性计算。对于支臂“工”字形截面，受压翼缘板外伸宽度与其厚度之比

$$\frac{b}{h_1}=\frac{0.5\times(900-36)}{36}=12>13\times\sqrt{\frac{235}{345}}=10.7$$

不满足翼缘局部稳定，需要配置加劲肋。

支臂腹板局部稳定性计算：

$$\alpha_0=\frac{\sigma_{max}-\sigma_{min}}{\sigma_{max}}=\frac{118.48-107.99}{118.48}=0.089$$

支臂腹板计算高度与其厚度之比：

$$\frac{h_2}{b_2}=\frac{1300}{36}=36.11<(16\alpha_0+0.5\lambda'_x+25)\times\sqrt{\frac{235}{345}}$$

$$=(16\times 0.089+0.5\times 57.37+25)\times\sqrt{\frac{235}{345}}=45.48$$

因此，满足腹板局部稳定要求。

（六）面板折算应力验算

验算下主梁往上Ⅰ区隔，对中部区隔长边中点进行折算应力验算。

面板的边长$\frac{b}{a}=\frac{2000}{265}=7.55>1.5$，且长边布置在沿横梁轴线的方向上，只须按下式验算面板A点的折算应力：

$$\sigma_{zh}=\sqrt{\sigma_{my}^2+(\sigma_{mx}-\sigma_{ox})^2-\sigma_{my}(\sigma_{mx}-\sigma_{ox})}\leqslant 1.1\alpha[\sigma]$$

式中：

$$\sigma_{my}=\frac{k_y q a^2}{\delta^2}$$

$$\sigma_{mx}=\mu\sigma_{my}$$

则有：

$$\sigma_{my}=\frac{k_y q a^2}{\delta^2}=\frac{0.5\times 208.07\times 10^{-3}\times 265^2}{12^2}=50.74(\text{N/mm}^2)$$

$$\sigma_{mx}=\mu\sigma_{my}=0.3\times 50.74=15.22(\text{N/mm}^2)$$

对应于面板验算点的主梁弯矩：

$$\begin{aligned}M_{ox}&=\frac{q_D}{2}\left[L\left(\frac{L}{2}-x\right)-\left(\frac{L}{2}-x\right)^2\right]-M\\&=\frac{1347.91}{2}\times\left[8\times\left(\frac{8}{2}-\frac{2}{2}\right)-\left(\frac{8}{2}-\frac{2}{2}\right)^2\right]-7891.75\\&=2217.58(\text{kN}\cdot\text{m})\end{aligned}$$

对应于面板验算点的主（次）梁上翼缘的整体弯曲应力：

$$\sigma_{ox}=\frac{N_L}{A}+\frac{M_{ox}y_1}{I_x}=\frac{689.38\times 10^3}{106421.8}+\frac{2217.58\times 10^6\times 974.33}{71261789411}=36.80(\text{N/mm}^2)$$

$$\sigma_{zh}=\sqrt{50.74^2+(15.22-64.31)^2-50.74\times(15.22-36.80)}=77.97(\text{N/mm}^2)$$

第三节　空间有限元法计算

一、计算模型

（一）计算模型

根据工程资料采用三维建模软件CATIA建立弧形钢闸门的空间三维几何模型，如图3-16（a）所示。由于分析目的和研究对象不同，可对闸门建模深度和简化程度作适当调整，以减少模型的求解自由度数量，寻求计算精度与计算代价之间的平衡。这里，忽略了闸门水封、侧轮及其他非承载或传力零部件。弧形钢闸门为空间对称结构，为了减少计算量，可按一半闸门进行计算。有限元网格划分在Hypermesh中进行，经过试算，误差控制在0.5%以内，保证了计算结果的精度。弧形钢闸门有限元模型采用4节点板壳单元SHELL181模拟。有限元模型如图3-16（b）所示，其中总节点数为74313，单元数为75451。弹性模量$E=2.06\times 10^5$MPa，泊松比$\mu=0.3$，密度$\rho=7850\text{kg/m}^3$。

（二）约束和边界条件施加

在总体直角坐标系中，y轴指向下游，z轴沿重力方向竖直向上，x轴正向指向弧形钢闸门的右侧闸墩，原点应设在支铰中心线与孔口中心线的交点上。分析闸门前满水情况下的正常挡水工况时，闸门底端由于底槛作用施加底槛面法向的U_z约束，侧止水施加U_x约束，对称面施加对称约束，将裤衩板端部板上节点自由度转化为整体圆柱坐标系下

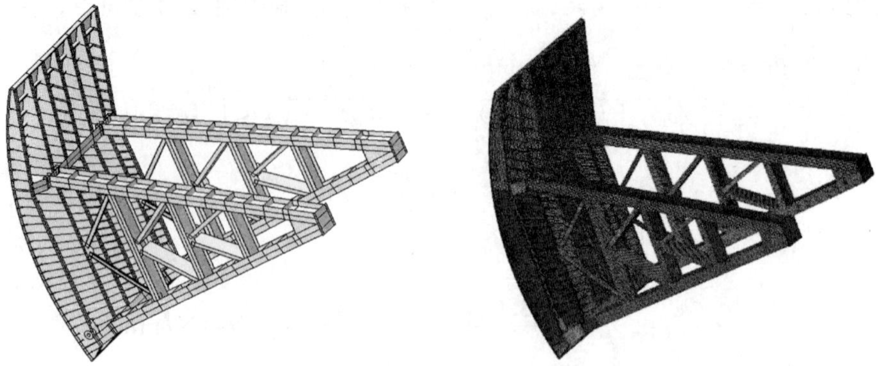

（a）几何模型　　（b）有限元模型

图 3-16　弧形钢闸门空间三维几何模型

的自由度后，约束弧门径向 U_x 和水平支铰轴线 U_z 方向自由度，使整个闸门能够绕该水平支铰轴中心线自由转动，即达到模拟实际弧门绕支铰转动的目的。分析闸门前满水情况下的瞬启工况时，将底槛作用施加竖直向上的 U_z 约束改为沿启闭杆的铰约束，其他约束不变。水荷载垂直于面板梯度分布。

二、计算工况与荷载

工况一：闸门挡水工况（静水压力＋自重）

弧形钢闸门关门挡水，上游水位为 22.0m，下游无水。这时，启闭机可视为不工作状态。考虑门体自重，重力加速度为 $10m/s^2$。

工况二：闸门瞬启工况（静水压力＋自重＋启门力）

弧形钢闸门瞬启时，上游水位为 22.0m，下游无水。这时，启闭机处于工作状态，吊耳孔施加沿启闭杆方向约束，门体脱离底槛。考虑门体自重，重力加速度为 $10m/s^2$。

三、评价标准

弧形钢闸门的门叶及支臂均为 Q355C 结构钢，主要的材料参数为：弹性模量 $E=2.06\times10^5$MPa，泊松比 $\mu=0.3$，钢材的材料密度 $\rho=7850kg/m^3$。模型考虑重力施加重力加速度 $10m/s^2$，水体密度取 $1.0\times10^3kg/m^3$。

本章对弧形钢闸门进行静力分析，安全性评价包括强度、刚度评价。

（一）强度评价

弧形钢闸门每一点的应力状态非常复杂，评价强度时可采用最大畸变能准则评判，计算公式如式（2-17）所示。我国《水利水电工程钢闸门设计规范》（SL 74—2019）规定，弧形钢闸门的容许应力应根据闸门的重要性、使用年限、运行条件等乘以相应的调整系数 α 来增加安全富裕量。对于弧形钢闸门的面板，还需要乘以大于 1 的弹塑性调整系数，弹塑性调整系数根据主（次）梁系围成的面板区隔长边 b 与短边 a 之比确定，当 $b/a>3$ 时取值 1.4，否则取值 1.5。强度采用有限元软件 ANSYS 计算的等效应力评判，容许应力见表 3-11。

表 3-11　　　　弧形钢闸门容许应力

Q355C 钢材		第一组	第二组	第三组	第四组
容许应力/MPa	[σ]	230	225	220	215
修正的容许应力/MPa	1.1×0.95[σ]	240	235	230	225
	1.1×1.4×0.95[σ]	336	330		
局部承压/MPa	[σ_{cd}]	345	335	330	320

（二）刚度评价

弧形钢闸门的刚度评价主要根据规范规定进行，对于表孔式弧形工作闸门来说，主梁的最大挠度与计算跨长之比不应大于 1/600，其他梁系不应大于 1/250；支臂的允许长细比不超过 120，联系构件不超过 200。

四、计算结果

（一）整体模型

在闸门挡水和瞬启两种工况下，弧形钢闸门整体 Mises 应力云图和总位移云图如图 3-17 和图 3-18 所示。

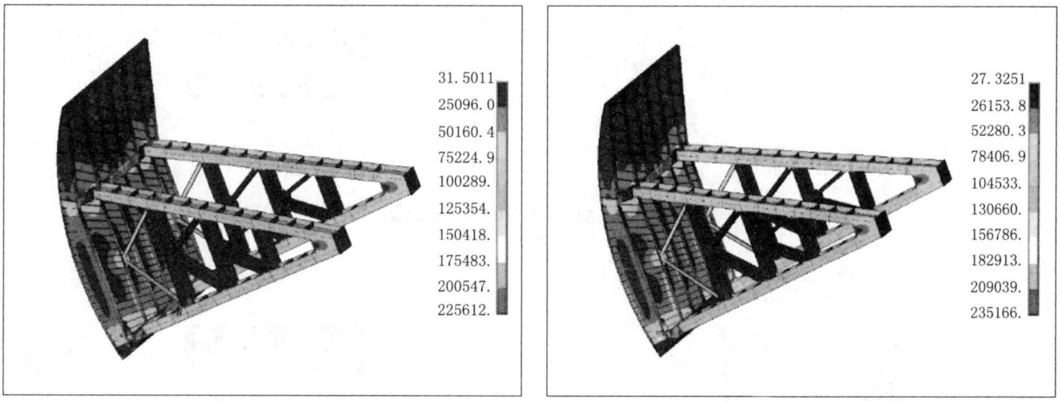

（a）闸门挡水工况　　（b）闸门瞬启工况

图 3-17　弧形钢闸门整体 Mises 应力云图（单位：kPa）

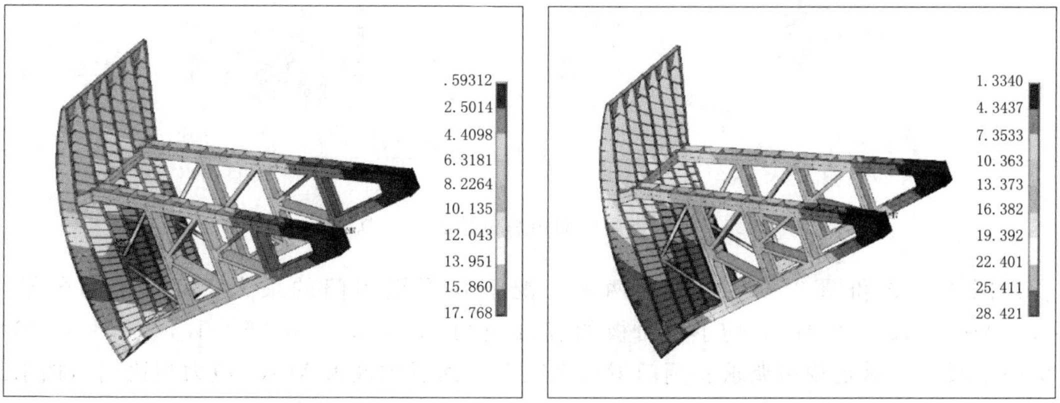

（a）闸门挡水工况　　（b）闸门瞬启工况

图 3-18　弧形钢闸门整体总位移云图（单位：mm）

由图 3 - 17 可知，两种工况的弧形钢闸门最大 Mises 应力为 225.62MPa 和 235.17MPa，满足规范要求。

由图 3 - 18 可知，闸门挡水工况下，弧形钢闸门最大位移发生在门叶的中下部，最大值为 17.77mm；闸门瞬启工况下，最大位移的分布区较大，最大位移发生在边梁附近的面板处，最大值为 28.42mm。闸门的瞬启工况为控制工况。

（二）面板

在闸门挡水和瞬启两种工况下，弧形钢闸门面板的 Mises 应力云图和总位移云图如图 3 - 19 和图 3 - 20 所示。

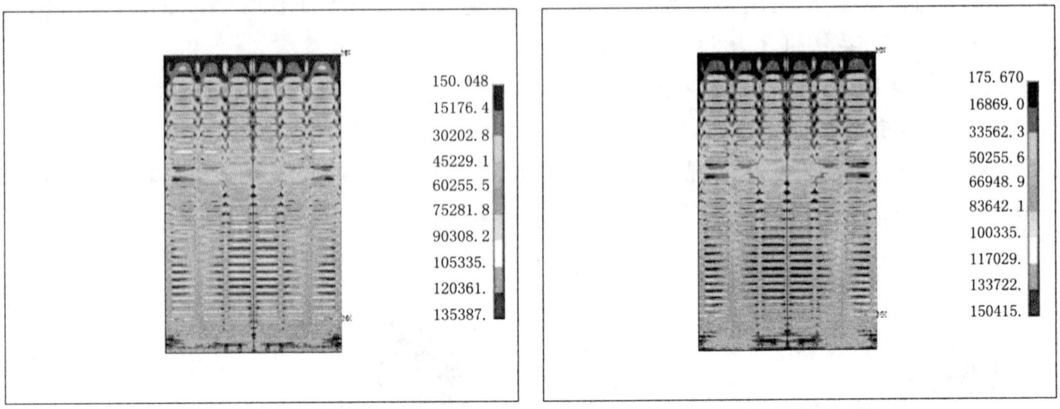

（a）闸门挡水工况　　（b）闸门瞬启工况

图 3 - 19　弧形钢闸门面板 Mises 应力云图（单位：kPa）

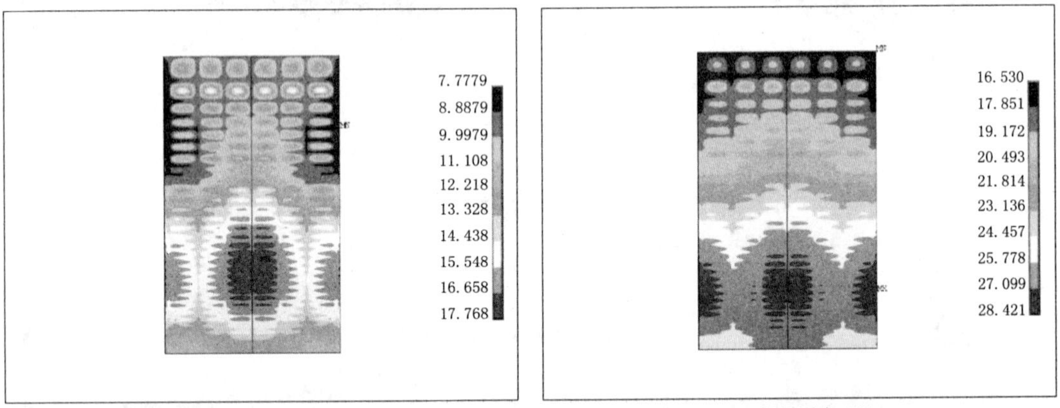

（a）闸门挡水工况　　（b）闸门瞬启工况

图 3 - 20　弧形钢闸门面板总位移云图（单位：mm）

由图 3 - 19 和图 3 - 20 可知，两种工况下弧形钢闸门的最大 Mises 应力分别为 135.39MPa、150.42MPa，均小于面板的容许应力 $1.1\alpha[\sigma]=0.95\times1.1\times1.4\times230=336.49$(MPa)，满足规范要求。闸门瞬启工况下，面板的最大 Mises 应力相比闸门挡水工况增大了 11.10%，面板的最大位移量（28.42mm）相比闸门挡水工况（17.77mm）增大了 59.93%，闸门瞬启工况为控制工况。

（三）水平次梁

闸门挡水和瞬启两种工况下，弧形钢闸门水平次梁 Mises 应力云图和位移云图如图 3-21～图 3-23 所示。

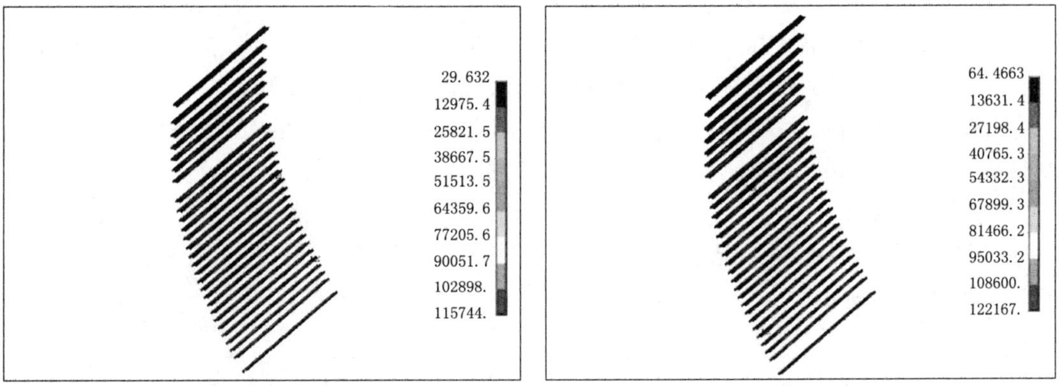

（a）闸门挡水工况　　（b）闸门瞬启工况

图 3-21　弧形钢闸门水平次梁 Mises 应力云图（单位：kPa）

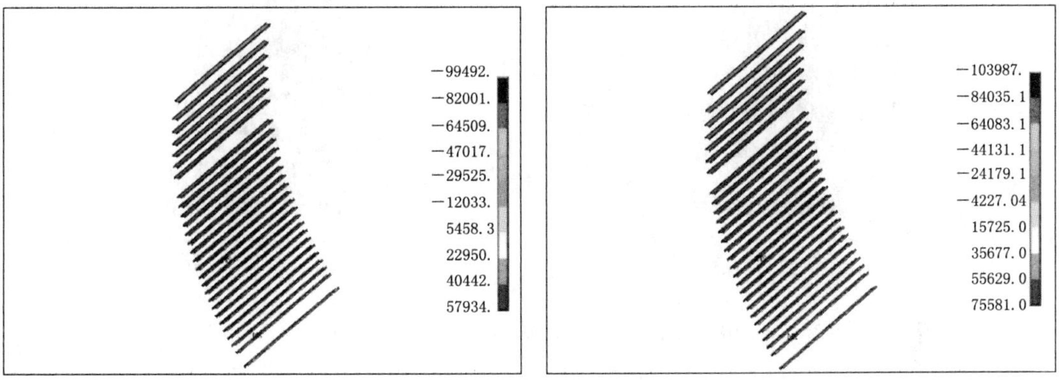

（a）闸门挡水工况　　（b）闸门瞬启工况

图 3-22　弧形钢闸门水平次梁 x 向应力云图（单位：kPa）

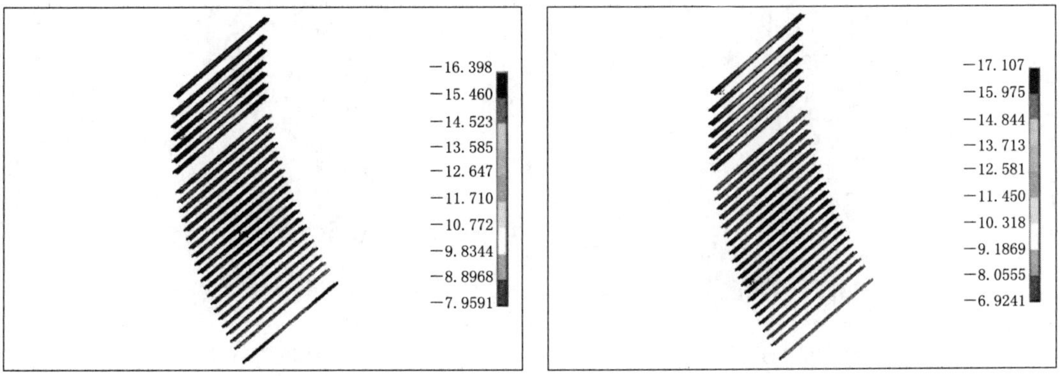

（a）闸门挡水工况　　（b）闸门瞬启工况

图 3-23　弧形钢闸门水平次梁径向位移云图（单位：mm）

由图 3-21 可知，两种工况下弧形钢闸门的最大 Mises 应力分别为 115.74MPa、122.17MPa，均小于水平次梁的允许应力 0.95[σ]=0.95×230=218.5(MPa)，满足规范要求。闸门瞬启工况下，水平次梁的最大 Mises 应力相比闸门挡水工况增大了 5.56%。

由图 3-22 可知，弧形钢闸门水平次梁的最大压应力位于 2 号水平次梁（由下向上编号）的第 2 支座处，最大压应力分别为 99.49MPa、103.99MPa，满足规范要求。闸门瞬启工况下，水平次梁的最大压应力相比闸门挡水工况增大了 4.52%。

由图 3-23 可知，两种工况下弧形钢闸门的水平次梁的最大径向位移分别为 16.39mm、17.11mm。经计算，挠度满足规范要求。

（四）垂直次梁

闸门挡水和瞬启两种工况下，弧形钢闸门水平次梁 Mises 应力云图和位移云图如图 3-24～图 3-26 所示。

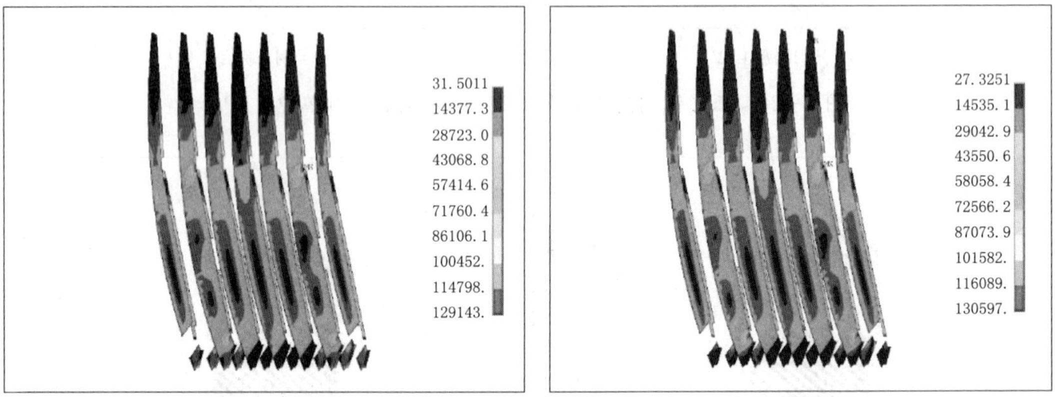

（a）闸门挡水工况　　（b）闸门瞬启工况

图 3-24　弧形钢闸门水平次梁 Mises 应力云图（单位：kPa）

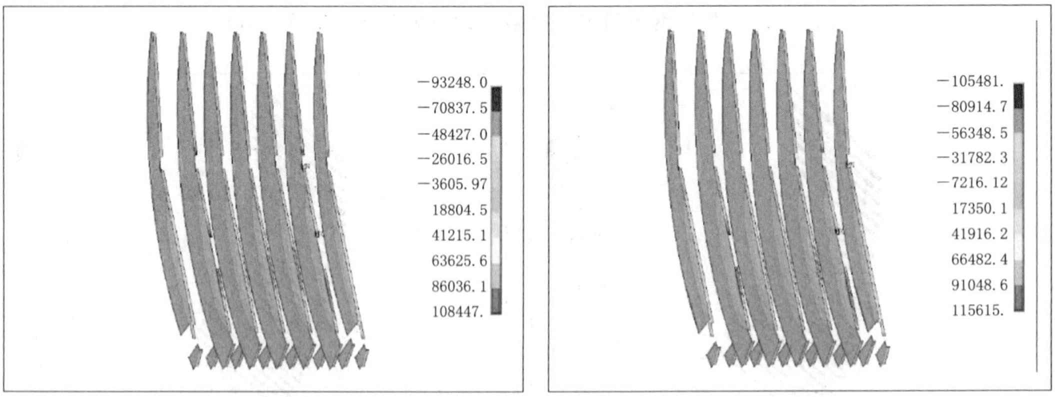

（a）闸门挡水工况　　（b）闸门瞬启工况

图 3-25　弧形钢闸门水平次梁 y 向应力云图（单位：kPa）

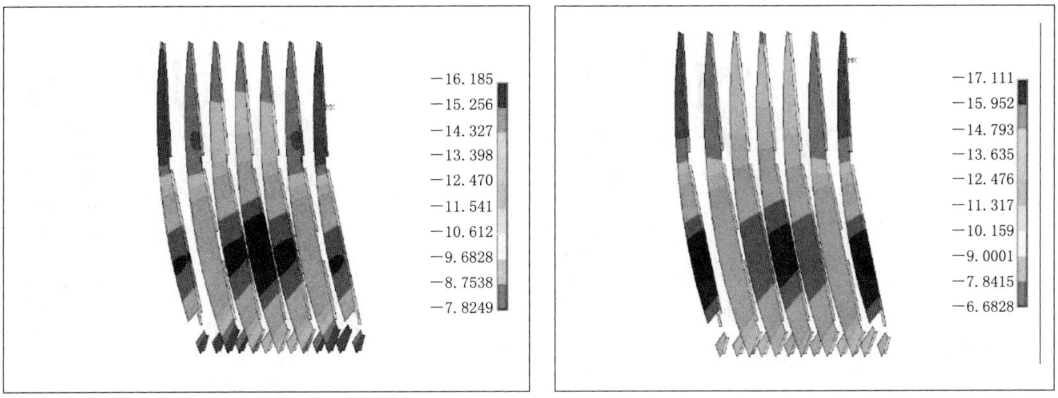

(a) 闸门挡水工况　　(b) 闸门瞬启工况

图 3-26　弧形钢闸门水平次梁径向位移云图（单位：mm）

由图 3-24 可知，两种工况下弧形钢闸门的最大 Mises 应力分别为 129.14MPa、130.60MPa，均小于水平次梁的允许应力 0.95[σ]=0.95×230=218.5(MPa)，满足规范要求。闸门瞬启工况下，水平次梁的最大 Mises 应力相比闸门挡水工况增大了 1.13%。

由图 3-25 可知，弧形钢闸门垂直次梁的最大压应力位于与支臂连接的垂直次梁的跨中位置，最大压应力分别为 108.45MPa、115.62MPa，满足规范要求。闸门瞬启工况下，垂直次梁的最大压应力相比闸门挡水工况增大了 6.61%。

由图 3-26 可知，弧形钢闸门的水平次梁的最大径向位移分别为 16.19mm、17.11mm。最大挠度发生在中间的垂直次梁。其中闸门挡水工况下最大挠度（跨中-支座）为 16.18－10.61＝5.57(mm)，闸门瞬启工况下最大挠度为 17.11－11.32＝5.79(mm)，均小于 l/250＝13500/250＝54(mm)，满足规范要求。

（五）主梁

闸门挡水和瞬启两种工况下，弧形钢闸门上主梁 Mises 应力云图和位移云图如图 3-27～图 3-29 所示。

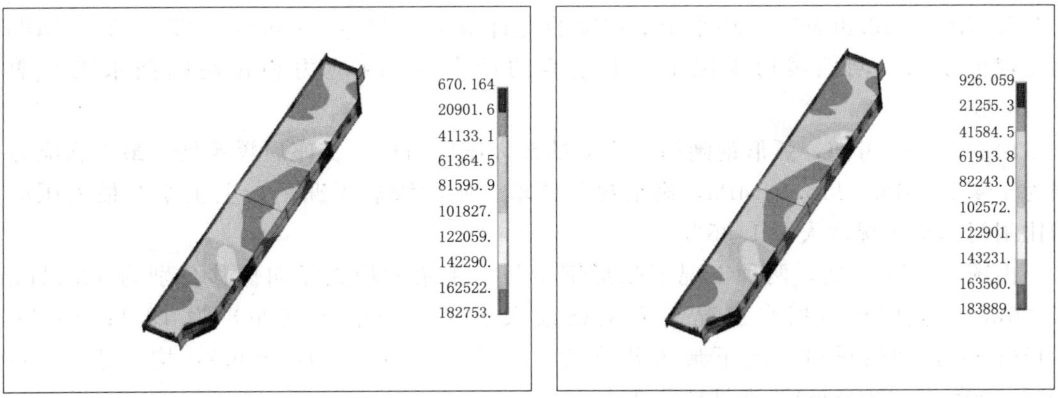

(a) 闸门挡水工况　　(b) 闸门瞬启工况

图 3-27　弧形钢闸门上主梁 Mises 应力云图（单位：kPa）

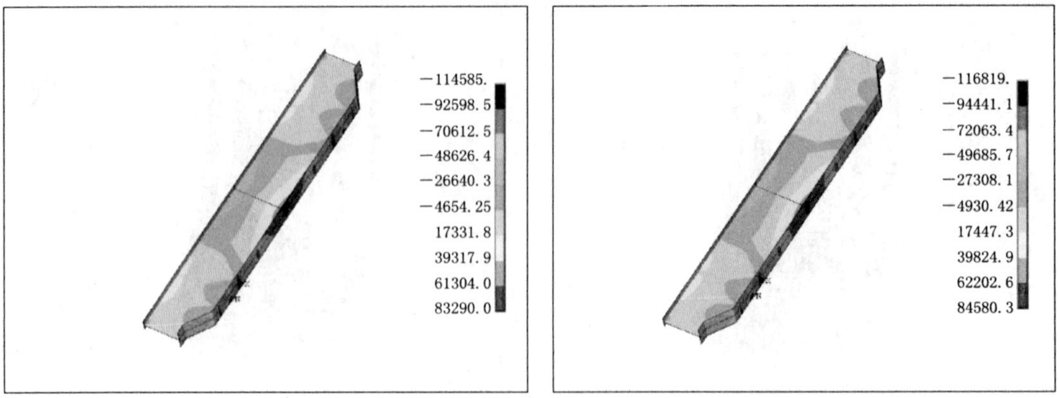

(a) 闸门挡水工况 (b) 闸门瞬启工况

图 3-28 弧形钢闸门上主梁 x 向应力云图（单位：kPa）

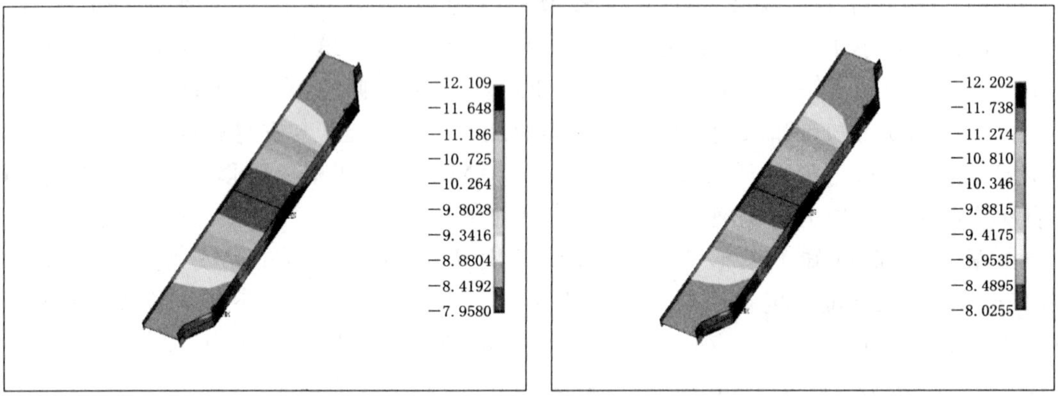

(a) 闸门挡水工况 (b) 闸门瞬启工况

图 3-29 弧形钢闸门上主梁径向位移云图（单位：mm）

由图 3-27 可知，两种工况下弧形钢闸门上主梁的最大 Mises 应力分别为 182.75MPa、183.89MPa，均小于上主梁的允许应力 $0.95[\sigma]=0.95\times225=214$(MPa)，满足规范要求。闸门瞬启工况下，上主梁的最大 Mises 应力相比闸门挡水工况增大了 0.62%。

由图 3-28 可知，弧形钢闸门上主梁的最大压应力位于支座后翼缘处，最大压应力分别为 114.59MPa、116.82MPa，满足规范要求。闸门瞬启工况下，上主梁的最大压应力相比闸门挡水工况增大了 1.95%。

由图 3-29 可知，两种工况下弧形钢闸门上主梁的最大径向位移分别为 12.11mm、12.20mm。其中闸门挡水工况下上主梁最大挠度（跨中一支座）为 $12.11-7.96=4.15$(mm)，闸门瞬启工况下最大挠度为 $12.20-8.03=4.17$(mm)，均小于 $l/600=8000/600=13.33$(mm)，满足规范要求。

闸门挡水和瞬启两种工况下，弧形钢闸门下主梁 Mises 应力云图和位移云图如图 3-30～图 3-32 所示。

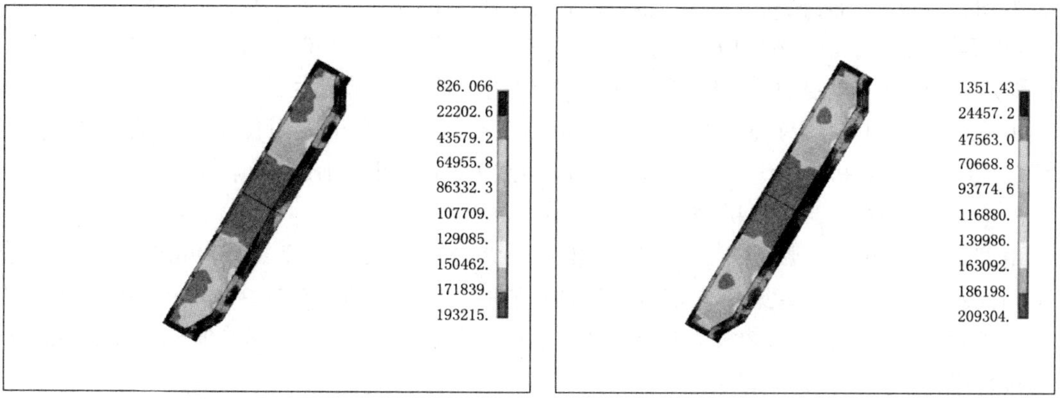

（a）闸门挡水工况　　（b）闸门瞬启工况

图 3-30　弧形钢闸门下主梁 Mises 应力云图（单位：kPa）

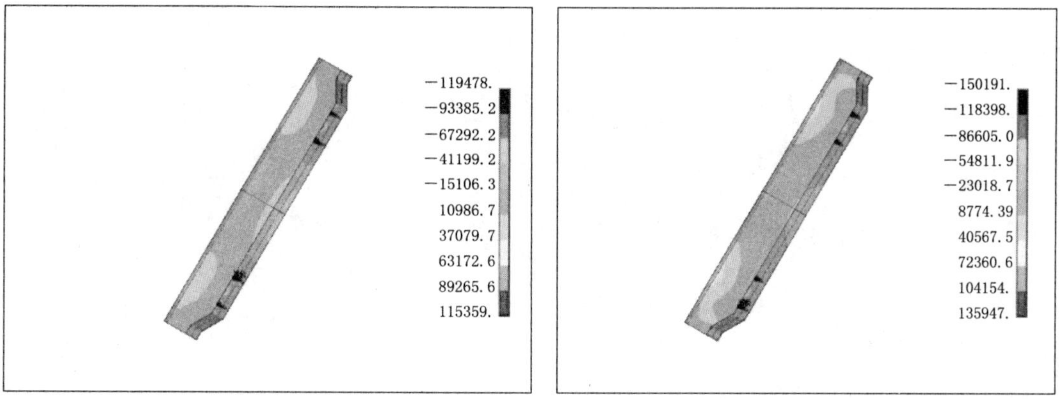

（a）闸门挡水工况　　（b）闸门瞬启工况

图 3-31　弧形钢闸门下主梁 z 向应力云图（单位：kPa）

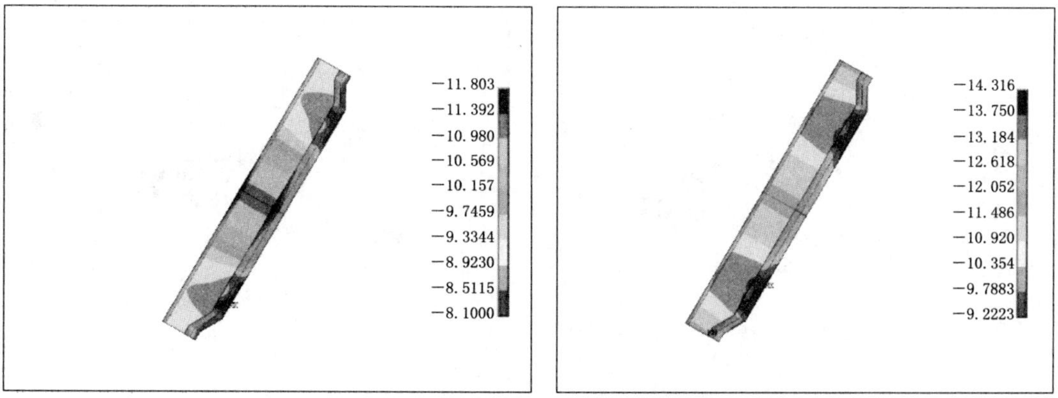

（a）闸门挡水工况　　（b）闸门瞬启工况

图 3-32　弧形钢闸门下主梁径向位移云图（单位：mm）

由图 3-30 可知，两种工况下弧形钢闸门下主梁的最大 Mises 应力分别为 193.22MPa、209.30MPa，均小于下主梁的允许应力 $0.95[\sigma]=0.95\times225=214$(MPa)，满足规范要求。闸门瞬启工况下，下主梁的最大 Mises 应力相比闸门挡水工况增大了 8.32%。

由图 3-31 可知，两种工况下弧形钢闸门下主梁的最大压应力位于支座后翼缘处，最大压应力分别为 119.48MPa、150.19MPa，满足规范要求。闸门瞬启工况下，下主梁的最大压应力相比闸门挡水工况增大了 25.70%。

由图 3-32 可知，弧形钢闸门下主梁的最大径向位移分别为 11.80mm、14.32mm。其中闸门挡水工况下下主梁最大挠度（跨中-支座）为 11.80－8.10＝3.70(mm)，闸门瞬启工况下最大挠度为 14.32－9.22＝5.10(mm)，均小于 $l/600=8000/600=13.33$mm，满足规范要求。

（六）支臂

闸门挡水和瞬启两种工况下，弧形钢闸门支臂 Mises 应力云图和总位移云图如图 3-33 和图 3-34 所示。

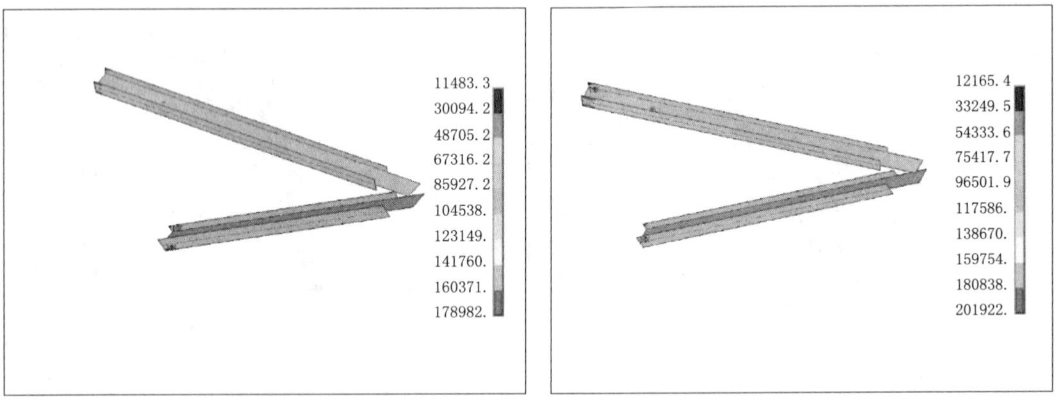

（a）闸门挡水工况　　（b）闸门瞬启工况

图 3-33　弧形钢闸门支臂 Mises 应力云图（单位：kPa）

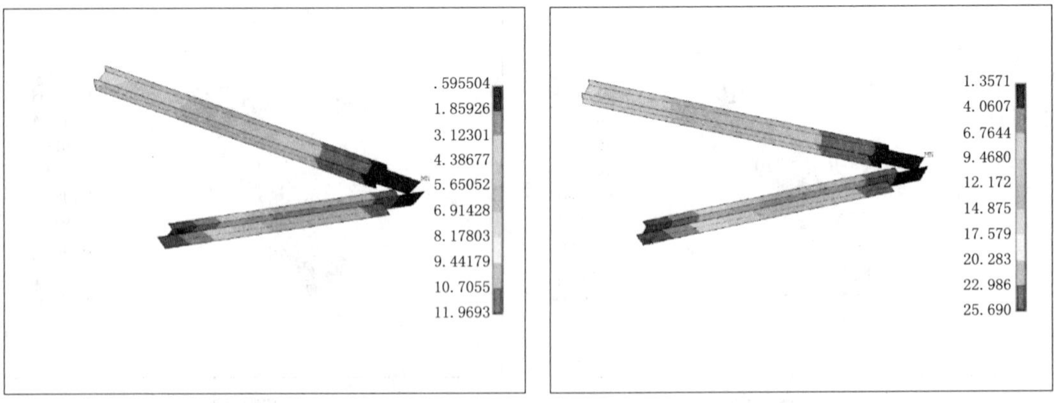

（a）闸门挡水工况　　（b）闸门瞬启工况

图 3-34　弧形钢闸门支臂总位移云图（单位：mm）

由图3-33和图3-34可知，两种工况下弧形钢闸门的最大Mises应力分别为178.98MPa、201.92MPa，均小于支臂的允许应力0.95[σ]=0.95×225=214MPa，满足规范要求。闸门瞬启工况下，支臂的最大Mises应力相比闸门挡水工况增大了12.82%；支臂的最大位移量（25.69mm）是闸门挡水工况（11.96mm）的2.15倍，闸门瞬启工况为控制工况。

第四节 结果对比与分析

为了便于分析，本节将从应力、变形和支臂稳定性三个方面对比分析大型水工钢闸门平面体系和空间体系计算结果的异同。

一、应力对比分析

采用两种体系法计算各部件同一位置处的应力，对比计算结果的异同，结果见表3-12。

表3-12　　弧形钢闸门各部件应力对比　　单位：MPa

计算方法	次梁	垂直次梁	挡水工况			瞬开工况		
			上主梁	下主梁	支臂（上）	上主梁	下主梁	支臂（下）
平面体系法	104.25	164.84	156.21	163.58	88.28	186.13	216.84	118.48
空间体系法	84.07	130.83	159.40	175.89	113.18	183.79	209.30	155.89
平面/空间	1.24	1.26	0.98	0.93	0.78	1.01	1.04	0.76

注　两种体系法对应的应力类型相同，即平面体系法计算得到的正应力对应于空间体系法的第一主应力。

由表3-12可得，两种体系计算的弧形钢闸门各主要承载构件的应力均在允许应力范围内，满足规范强度的要求。由水平次梁、垂直次梁两种体系法计算的正应力相比，平面体系法比空间体系法计算结果大20%～30%；但支臂应力两种体系法计算结果相反，主要原因为支臂在空间框架中属于双向偏心受压构件，平面体系法忽略了主框架平面外支臂的弯矩作用，导致结果偏小；由上主梁、下主梁两种体系法计算的应力相比，平面体系法比空间体系法计算结果偏小，偏差在10%以内。

二、变形对比分析

对比弧形钢闸门两种体系下主梁变形计算结果的异同，结果见表3-13。

表3-13　　弧形钢闸门主梁变形对比　　单位：mm

计算方法	挡水工况		瞬开工况	
	上主梁	下主梁	上主梁	下主梁
平面体系法	3.42	3.45	3.07	3.92
空间体系法	3.10	3.08	2.70	3.29
平面/空间	1.10	1.12	1.14	1.19

注　空间体系法的变形为主梁跨中径向位移与支承处的主梁径向位移之差。

由表3-13可得，两种体系计算的弧形钢闸门主梁的挠度均在允许变形范围内，满足规范刚度要求。两种工况下，两种体系下的结构变形规律一致，平面体系法计算结果比空间体系法大 10%～20%。主梁变形以径向位移为主，沿主梁跨度方向位移由跨中向两端逐渐减小，最大位移均发生在主梁跨中位置。

三、支臂稳定性对比分析

对比弧形钢闸门两种体系下支臂稳定性计算结果的异同，结果见表 3-14。

表 3-14　弧形钢闸门支臂稳定性对比　单位：MPa

计算方法	挡水工况		瞬开工况	
	弯矩作用平面内最大稳定计算应力	弯矩作用平面外最大稳定计算应力	弯矩作用平面内最大稳定计算应力	弯矩作用平面外最大稳定计算应力
平面体系法	138.73	113.03	156.52	126.88
空间体系法	131.37	107.87	153.39	119.07
平面/空间	1.05	1.03	1.02	1.07

注　弯矩作用平面内外的最大稳定计算见式（2-86）和式（2-87）不等号左侧公式。

由表 3-14 可得，两种体系计算的弧形钢闸门支臂的稳定计算应力均在允许应力范围内，满足规范稳定性的要求。两种体系下支臂的弯矩作用平面内最大稳定计算应力最大，容易发生屈曲失稳。此外，平面体系法比空间体系法计算结果偏小，偏差在 7%以内。

附录一　型钢规格和截面特性

附表 1-1　　**等　边　角　钢**

角钢型号		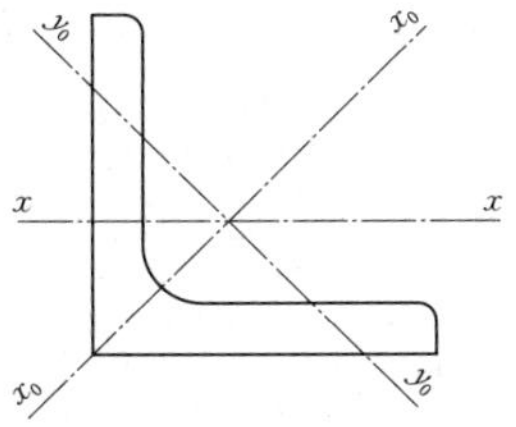										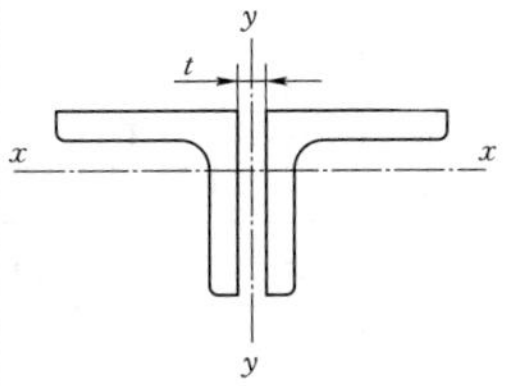			
		单　角　钢										双　角　钢			
		圆角 r /mm	重心距 z_0 /mm	截面面积 /cm^2	质量 /(kg/m)	惯性矩 I_x /cm^4	截面抵抗矩 /cm^3		回转半径/cm			i_y/cm			
							$W_{x\max}$	$W_{x\min}$	i_x	i_{x0}	i_{y0}	t= 6mm	t= 8mm	t= 10mm	t= 12mm
∠20×	3	3.5	6.0	1.13	0.89	0.40	0.67	0.29	0.59	0.75	0.39	1.08	1.16	1.26	1.34
	4		6.4	1.46	1.15	0.50	0.78	0.36	0.58	0.73	0.38	1.12	1.19	1.28	1.37
∠25×	3	3.5	7.3	1.43	1.12	0.82	1.11	0.46	0.76	0.95	0.49	1.28	1.36	1.44	1.53
	4		7.6	1.86	1.46	1.03	1.36	0.59	0.74	0.93	0.48	1.29	1.38	1.46	1.55
∠30×	3	4.5	8.5	1.75	1.37	1.46	1.74	0.68	0.91	1.15	0.59	1.47	1.54	1.66	1.71
	4		8.9	2.28	1.79	1.84	2.07	0.87	0.90	1.13	0.58	1.49	1.57	1.69	1.74
∠36×	3	4.5	10.0	2.11	1.66	2.58	2.56	0.99	1.11	1.39	0.71	1.70	1.75	1.85	1.94
	4		10.4	2.76	2.16	3.29	3.16	1.28	1.09	1.38	0.70	1.73	1.81	1.88	1.97
	5		10.7	3.38	2.65	3.95	3.70	1.56	1.08	1.36	0.70	1.74	1.82	1.90	1.99
∠40×	3	5.0	10.9	2.36	1.85	3.59	3.30	1.23	1.23	1.55	0.79	1.85	1.93	2.01	2.09
	4		11.3	3.09	2.42	4.60	4.10	1.60	1.22	1.54	0.79	1.88	1.96	2.03	2.12
	5		11.7	3.79	2.98	5.53	4.70	1.96	1.21	1.52	0.78	1.90	1.98	2.06	2.14
∠45×	3	5.5	12.2	2.66	2.09	5.17	4.20	1.58	1.40	1.76	0.90	2.06	2.13	2.20	2.28
	4		12.6	3.49	2.74	6.65	5.30	2.05	1.38	1.74	0.89	2.09	2.16	2.23	2.32
	5		13.0	4.29	3.37	8.04	6.20	2.51	1.37	1.72	0.88	2.11	2.18	2.26	2.34
	6		13.3	5.08	3.99	9.33	7.00	2.95	1.36	1.70	0.88	2.12	2.20	2.28	2.36

续表

角钢型号		单角钢										双角钢			
		圆角 r /mm	重心距 z_0 /mm	截面面积 /cm²	质量 /(kg/m)	惯性矩 I_x /cm⁴	截面抵抗矩 /cm³		回转半径/cm			i_y/cm			
							$W_{x\max}$	$W_{x\min}$	i_x	i_{x0}	i_{y0}	$t=$6mm	$t=$8mm	$t=$10mm	$t=$12mm
∠50×	3	5.5	13.4	2.97	2.33	7.18	5.40	1.96	1.55	1.96	1.00	2.25	2.32	2.40	2.48
	4		13.8	3.90	3.06	9.26	6.70	2.56	1.54	1.94	0.99	2.28	2.36	2.44	2.51
	5		14.2	4.80	3.77	11.2	7.80	3.13	1.53	1.92	0.98	2.30	2.38	2.46	2.53
	6		14.6	5.69	4.47	13.1	9.00	3.68	1.52	1.91	0.98	2.32	2.40	2.48	2.56
∠56×	3	6.0	14.8	3.34	2.62	10.2	7.00	2.50	1.75	2.20	1.13	2.49	2.57	2.64	2.71
	4		15.3	4.39	3.45	13.2	8.60	3.20	1.73	2.18	1.11	2.51	2.59	2.66	2.74
	5		15.7	5.42	4.25	16.0	10.2	4.00	1.72	2.17	1.10	2.54	2.61	2.69	2.77
	8		16.8	8.37	6.57	23.6	14.0	6.00	1.68	2.11	1.09	2.60	2.67	2.75	2.83
∠63×	4	7.0	17.0	4.98	3.91	19.0	11.2	4.10	1.96	2.46	1.26	2.79	2.85	2.93	3.01
	5		17.4	6.14	4.82	23.2	13.2	5.10	1.94	2.45	1.25	2.82	2.88	2.97	3.04
	6		17.8	7.29	5.72	27.1	15.2	6.00	1.93	2.43	1.24	2.84	2.91	3.00	3.06
	8		18.5	9.52	7.47	34.5	18.6	7.80	1.90	2.40	1.23	2.87	2.94	3.02	3.10
	10		19.3	11.66	9.15	41.1	21.3	9.40	1.88	2.36	1.22	2.91	2.99	3.07	3.15
∠70×	4	8.0	18.6	5.57	4.37	26.4	14.5	5.14	2.18	2.74	1.40	3.06	3.14	3.21	3.28
	5		19.1	6.88	5.40	32.2	16.8	6.32	2.16	2.73	1.39	3.08	3.16	3.23	3.30
	6		19.5	8.16	6.41	37.8	19.4	7.48	2.15	2.71	1.38	3.10	3.18	3.25	3.33
	7		19.9	9.42	7.40	43.1	21.6	8.59	2.14	2.69	1.38	3.13	3.20	3.28	3.36
	8		20.3	10.67	8.37	48.2	23.8	9.68	2.12	2.68	1.37	3.15	3.22	3.30	3.37
∠75×	5	9	20.4	7.37	5.82	40.0	19.6	7.32	2.33	2.92	1.50	3.28	3.35	3.42	3.49
	6		20.7	8.80	6.91	47.0	22.6	8.64	2.31	2.90	1.49	3.30	3.37	3.44	3.52
	7		21.1	10.2	7.98	53.6	25.4	9.93	2.30	2.89	1.48	3.32	3.39	3.46	3.55
	8		21.5	11.5	9.03	60.0	27.8	11.2	2.28	2.88	1.47	3.35	3.42	3.49	3.57
	10		22.2	14.1	11.1	72.0	32.4	13.6	2.26	2.84	1.46	3.38	3.46	3.53	3.61
∠80×	5	9	21.5	7.91	6.21	48.8	22.7	8.34	2.48	3.13	1.60	3.49	3.56	3.63	3.71
	6		21.9	9.40	7.38	57.4	26.0	9.87	2.47	3.11	1.59	3.51	3.58	3.65	3.72
	7		22.3	10.9	8.53	65.6	29.3	11.4	2.46	3.10	1.58	3.52	3.60	3.67	3.75
	8		22.7	12.3	9.66	73.5	32.4	12.8	2.44	3.08	1.57	3.55	3.62	3.70	3.77
	10		23.5	15.1	11.9	88.4	37.6	15.6	2.42	3.04	1.56	3.59	3.66	3.74	3.81
∠90×	6	10	24.4	10.6	8.35	82.8	33.9	12.6	2.79	3.51	1.80	3.90	3.97	4.04	4.11
	7		24.8	12.3	9.66	94.8	38.2	14.5	2.78	3.50	1.78	3.92	3.99	4.06	4.13
	8		25.2	13.9	11.0	106.5	42.1	16.4	2.76	3.48	1.78	3.94	4.01	4.08	4.16
	10		25.9	17.2	13.5	128.6	49.7	20.1	2.74	3.45	1.76	3.98	4.05	4.13	4.20
	12		26.7	20.3	15.9	149.2	56.0	23.6	2.71	3.41	1.75	4.02	4.10	4.17	4.25

续表

角钢型号		单角钢										双角钢			
		圆角 r /mm	重心距 z_0 /mm	截面面积 /cm^2	质量 /(kg/m)	惯性矩 I_x /cm^4	截面抵抗矩 /cm^3		回转半径/cm			i_y/cm			
							$W_{x\max}$	$W_{x\min}$	i_x	i_{x0}	i_{y0}	$t=$ 6mm	$t=$ 8mm	$t=$ 10mm	$t=$ 12mm
∠100×	6	12	26.7	11.9	9.37	115	43.1	15.7	3.10	3.90	2.00	4.29	4.36	4.44	4.51
	7		27.1	13.8	10.8	132	48.6	18.1	3.09	3.89	1.99	4.31	4.38	4.45	4.52
	8		27.6	15.6	12.3	148	53.7	20.5	3.08	3.88	1.98	4.32	4.40	4.47	4.54
	10		28.4	19.3	15.1	180	63.2	25.1	3.05	3.84	1.96	4.37	4.44	4.51	4.59
	12		29.1	22.8	17.9	209	71.9	29.5	3.03	3.81	1.95	4.42	4.49	4.56	4.64
	14		29.9	26.3	20.6	237	79.1	33.7	3.00	3.77	1.94	4.45	4.53	4.61	4.68
	16		30.6	29.6	23.3	263	89.6	37.8	2.98	3.74	1.94	4.49	4.56	4.64	4.72
∠110×	7	12	29.6	15.2	11.9	177	59.9	22.1	3.41	4.30	2.20	4.71	4.78	4.85	4.92
	8		30.1	17.2	13.5	200	64.7	25.0	3.40	4.28	2.19	4.73	4.80	4.88	4.95
	10		30.9	21.3	16.7	242	78.4	30.6	3.38	4.25	2.17	4.78	4.86	4.93	5.00
	12		31.6	26.2	19.8	283	89.4	36.1	3.35	4.22	2.15	4.81	4.89	4.96	5.03
	14		32.4	29.1	22.8	321	99.2	41.3	3.32	4.18	2.14	4.85	4.92	5.00	5.07
∠125×	8	14	33.7	19.8	15.5	297	88.1	32.5	3.88	4.88	2.50	5.33	5.40	5.47	5.53
	10		34.5	24.4	19.1	362	105	40.0	3.85	4.85	2.48	5.37	5.45	5.51	5.59
	12		35.3	28.9	22.7	423	120	41.2	3.83	4.82	2.46	5.41	5.48	5.55	5.63
	14		36.1	33.4	26.2	482	133	54.2	3.80	4.78	2.45	5.45	5.52	5.60	5.67
∠140×	10	14	38.2	27.4	21.5	515	135	50.6	4.34	5.46	2.78	5.98	6.05	6.12	6.19
	12		39.0	32.5	25.5	604	155	59.8	4.31	5.43	2.76	6.02	6.09	6.16	6.23
	14		39.8	37.6	29.5	689	173	68.8	4.28	5.40	2.75	6.05	6.12	6.20	6.27
	16		40.6	42.5	33.4	770	190	77.8	4.26	5.36	2.74	6.09	6.16	6.24	6.31
∠160×	10	16	43.1	31.5	24.7	780	180	66.7	4.98	6.27	3.20	6.77	6.83	6.90	6.98
	12		43.9	37.4	29.4	917	208	79.0	4.95	6.24	3.18	6.81	6.88	6.95	7.02
	14		44.7	43.3	34.0	1048	234	91.0	4.92	6.20	3.16	6.85	6.92	6.99	7.06
	16		45.5	49.1	38.5	1175	258	103	4.89	6.17	3.14	6.89	6.96	7.03	7.10
∠180×	12	16	48.9	42.2	33.2	1321	271	101	5.59	7.05	3.58	7.63	7.70	7.77	7.83
	14		49.7	48.9	38.4	1514	305	116	5.56	7.02	3.56	7.66	7.74	7.81	7.88
	16		50.5	55.5	43.5	1701	338	131	5.54	6.98	3.55	7.70	7.77	7.84	7.91
	18		51.3	62.0	48.6	1875	365	146	5.50	6.94	3.51	7.73	7.80	7.87	7.95
∠200×	14	18	54.6	54.6	42.9	2104	387	145	6.20	7.82	3.98	8.47	8.53	8.60	8.67
	16		55.4	62.0	48.7	2366	428	164	6.18	7.79	3.96	8.50	8.57	8.64	8.71
	18		56.2	69.3	54.4	2621	467	182	6.15	7.75	3.94	8.53	8.60	8.67	8.74
	20		56.9	76.5	60.1	2867	503	200	6.12	7.72	3.93	8.57	8.64	8.72	8.79
	24		58.7	90.7	71.2	3338	570	236.0	6.07	7.64	3.90	8.65	8.72	8.80	8.87

附表 1－2　　**普 通 工 字 钢**

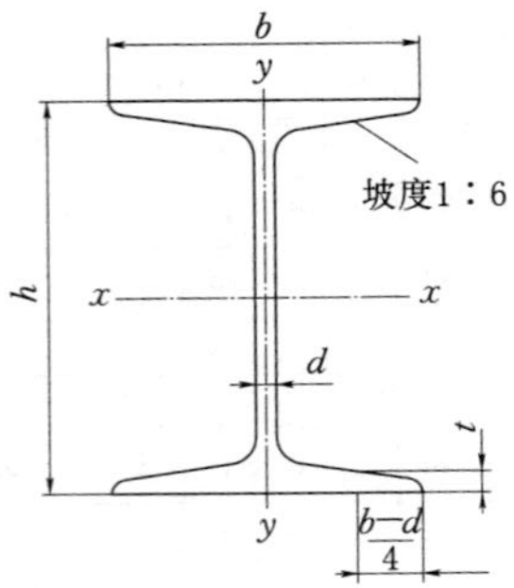

h—高度　　I—惯性矩
b—肢宽　　i—回转半径
d—腰厚　　W—截面抵抗矩
t—平均肢厚　　S—半截面的面积矩

型号	尺寸/mm						截面面积 /cm²	质量 /(kg/m)	表面积 /(m²/m)	x—x						y—y
	h	b	d	t	r	r_1				I_x /cm⁴	W_x /cm³	S_x /cm³	i_x /cm	I_y /cm⁴	W_y /cm³	i_y /cm
10	100	68	4.5	7.6	6.5	3.3	14.33	11.25	0.432	245	49.0	28.2	4.14	32.8	9.6	1.51
12.6	126	74	5.0	8.4	7.0	3.5	18.10	14.21	0.505	488	77.4	44.4	5.19	46.9	12.7	1.61
14	140	80	5.5	9.1	7.5	3.8	21.50	16.88	0.553	712	101.7	58.4	5.75	64.3	16.1	1.73
16	160	88	6.0	9.9	8.0	4.0	26.11	20.50	0.621	1127	140.9	80.8	6.57	93.1	21.1	1.89
18	180	94	6.5	10.7	8.5	4.3	30.74	24.13	0.681	1669	185.4	106.5	7.37	122.9	26.2	2.00
20a	200	100	7.0	11.4	9.0	4.5	35.55	27.91	0.742	2369	236.9	136.1	8.16	157.9	31.6	2.11
20b	200	102	9.0	11.4	9.0	4.5	39.55	31.05	0.746	2502	250.2	146.1	7.95	169.0	33.1	2.07
22a	220	110	7.5	12.3	9.5	4.8	42.10	33.05	0.817	3406	309.6	177.7	8.99	225.9	41.1	2.32
22b	220	112	9.5	12.3	9.5	4.8	46.50	36.50	0.281	3583	325.8	189.8	8.78	240.2	42.9	2.27
25a	250	116	8.0	13.0	10.0	5.0	48.51	38.08	0.898	5017	401.4	230.7	10.17	280.4	48.4	2.40
25b	250	118	10.0	13.0	10.0	5.0	53.51	42.01	0.902	5278	422.2	246.3	9.93	297.3	50.4	2.36
28a	280	122	8.5	13.7	10.5	5.3	55.37	43.47	0.978	7115	508.2	292.7	11.34	344.1	56.4	2.49
28b	280	124	10.5	13.7	10.5	5.3	60.97	47.86	0.982	7481	534.4	312.3	11.08	363.8	58.7	2.44

续表

型号	尺寸/mm						截面面积 /cm²	质量 /(kg/m)	表面积 /(m²/m)	x—x						y—y
	h	b	d	t	r	r_1				I_x /cm⁴	W_x /cm³	S_x /cm³	i_x /cm	I_y /cm⁴	W_y /cm³	i_y /cm
32a	320	130	9.5	15.0	11.5	5.8	67.12	52.69	1.084	11080	692.5	400.5	12.85	459.0	70.6	2.62
32b	320	132	11.5	15.0	11.5	5.8	73.52	57.71	1.088	11626	726.7	426.1	12.58	483.8	73.3	2.67
32c	320	134	13.5	15.0	11.5	5.8	79.92	62.74	1.092	12173	760.8	451.7	12.34	510.1	76.1	2.53
36a	360	136	10.0	15.8	12.0	6.0	76.44	60.00	1.185	15796	877.6	508.8	14.38	554.9	81.6	2.69
36b	360	138	12.0	15.8	12.0	6.0	83.64	65.66	1.189	16574	920.8	541.2	14.08	583.6	84.6	2.64
36c	360	140	14.0	15.8	12.0	6.0	90.84	71.31	1.193	17351	964.0	573.6	13.82	614.0	87.7	2.60
40a	400	142	10.5	16.5	12.5	6.3	86.07	67.56	1.285	21714	1085.7	631.2	15.88	659.9	92.9	2.77
40b	400	144	12.5	16.5	12.5	6.3	94.07	73.84	1.289	22781	1139.0	671.2	15.56	692.8	96.2	2.71
40c	400	146	14.5	16.5	12.5	6.3	102.07	80.12	1.293	23847	1192.4	711.2	15.29	727.5	99.7	2.67
45a	450	150	11.5	18.0	13.5	6.8	102.40	80.38	1.411	32241	1432.9	836.4	17.74	855.0	114.0	2.89
45b	450	152	13.5	18.0	13.5	6.8	111.40	87.45	1.415	33759	1500.4	887.1	17.41	895.4	117.8	2.84
45c	450	154	15.5	18.0	13.5	6.8	120.40	94.51	1.419	35278	1567.9	937.7	17.12	938.0	121.8	2.79
50a	500	158	12.0	20.0	14.0	7.0	119.25	93.61	1.539	46472	1858.9	1084.1	19.74	1121.5	142.0	3.07
50b	500	160	14.0	20.0	14.0	7.0	129.25	101.46	1.543	48556	1942.2	1146.6	19.33	1171.4	146.4	3.01
50c	500	162	16.0	20.0	14.0	7.0	139.25	109.31	1.547	50639	2005.6	1209.1	19.07	1223.9	151.1	2.96
56a	560	166	12.5	21.0	14.5	7.3	135.38	106.27	1.687	65576	2342.0	1368.8	22.01	1365.8	164.6	3.18
56b	560	168	14.5	21.0	14.5	7.3	146.58	115.06	1.691	68503	2446.5	1447.2	21.62	1423.8	169.5	3.12
56c	560	170	16.5	21.0	14.5	7.3	157.78	123.85	1.695	71430	2551.1	1525.6	21.28	1484.8	174.7	3.07
63a	630	176	13.0	22.0	15.0	7.5	154.59	121.36	1.862	94004	2984.3	1747.4	24.66	1702.4	193.5	3.32
63b	630	178	15.0	22.0	15.0	7.5	167.19	131.25	1.666	98171	3116.6	1846.5	24.23	1770.7	199.0	3.25
63c	630	180	17.0	22.0	15.0	7.5	179.79	141.14	1.870	102339	3248.9	1945.9	23.86	1842.4	204.7	3.20

附表 1 - 3　　**H 型钢和 T 型钢**

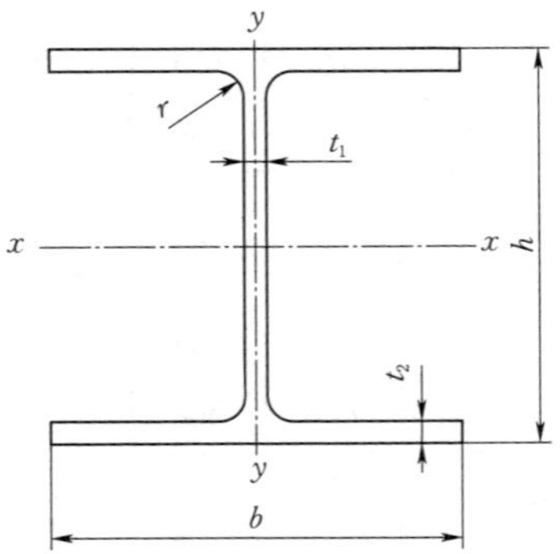

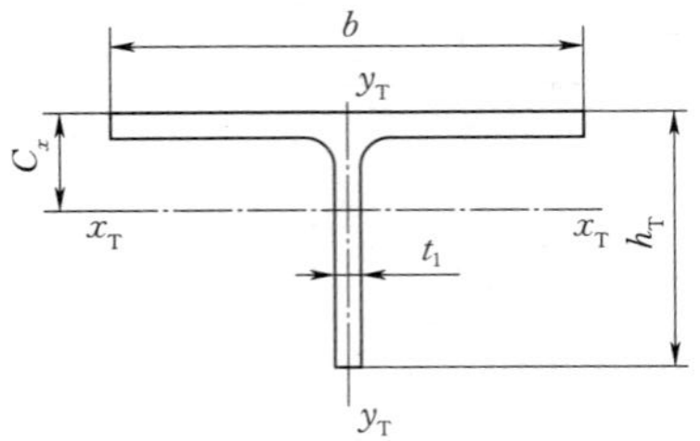

h—H 型钢截面高度　b—翼缘宽度

t_1—腹板厚度　t_2—翼缘厚度

W—截面模量　i—回转半径

I—惯性矩

对 T 型钢：截面高度 h_T、截面面积 A_T、质量 q_T、惯性矩 I_{yT} 等于相应 H 型钢的 1/2

HW、HM、HN 分别代表宽翼缘、中翼缘、窄翼缘 H 型钢

TW、TM、TN 分别代表各自 H 型钢部分的 T 型钢

H 型钢										H、T 型钢	T 型钢				
类别	H 型钢规格/mm ($h\times b\times t_1\times t_2$)	截面面积 A/cm	质量 q/(kg/m)	x—x 轴			y—y 轴				重心 C_x /cm	I_{xT} /cm⁴	i_{xT} /cm	T 型钢规格/mm ($h_T\times b\times t_1\times t_2$)	类别
				I_x /cm⁴	W_x /cm³	i_x /cm	I_y /cm⁴	W_y /cm³	i_y, i_{yT} /cm						
HW	100×100×6×8	21.90	17.2	383	76.5	4.18	134	26.7	247		1.00	16.1	1.21	50×100×6×8	TW
	125×125×6.5×9	30.31	23.8	847	136	5.29	294	47.0	3.11		1.19	35.0	1.52	62.5×125×6.5×9	
	150×150×7×10	40.55	31.9	1660	221	6.39	564	75.1	3.73		1.37	66.4	1.81	75×150×7×10	
	175×175×7.5×11	51.43	40.3	2900	331	7.50	984	112	4.37		1.55	115	2.11	87.5×175×7.5×11	
	200×200×8×12	64.28	50.5	4770	477	8.61	1600	160	4.99		1.73	185	2.40	100×200×8×12	
	#200×204×12×12	72.28	56.7	5030	503	8.35	1700	167	4.85		2.09	256	2.66	#100×204×12×12	
	250×250×9×14	92.18	72.4	10800	867	10.8	3650	292	6.29		2.08	412	2.99	125×250×9×14	
	#250×255×14×14	104.7	82.2	11500	919	10.5	3880	304	6.09		2.58	589	3.36	#125×255×14×14	
	#294×302×12×12	108.3	85.0	17000	1160	12.5	5520	365	7.14		2.83	858	3.98	#147×302×12×12	
	300×300×10×15	120.4	94.5	20500	1370	13.1	6760	450	7.49		2.47	798	3.64	250×300×10×15	

续表

类别	H型钢规格/mm ($h\times b\times t_1\times t_2$)	截面面积 A/cm	质量 q/(kg/m)	x—x 轴 I_x/cm^4	x—x 轴 W_x/cm^3	x—x 轴 i_x/cm	y—y 轴 I_y/cm^4	y—y 轴 W_y/cm^3	H、T型钢 i_y,i_{yT}/cm	重心 C_x/cm	I_{xT}/cm^4	i_{xT}/cm	T型钢规格/mm ($h_T\times b\times t_1\times t_2$)	类别
HW	300×305×15×15	135.4	106	21600	1440	12.6	7100	466	7.24	3.02	1110	4.05	150×305×15×15	TW
	#344×348×10×16	146.0	115	33300	1940	15.1	11200	646	8.78	2.67	1230	4.11	#172×348×10×16	
	350×350×12×19	173.9	137	40300	2300	15.2	13600	776	8.84	2.86	1520	4.18	175×350×12×19	
	#388×402×15×15	179.2	141	49200	2540	16.6	16300	809	9.52	3.69	2480	5.26	#194×402×15×15	
	#394×398×11×18	187.6	147	56400	2860	17.3	18900	951	10.0	3.01	2050	4.67	#197×398×11×18	
	400×400×13×21	219.5	172	66900	3340	17.5	22400	1120	10.1	3.21	2480	4.75	200×400×13×21	
	#400×408×21×21	251.5	197	71100	3560	16.8	23800	1170	9.73	4.07	3650	5.39	#200×408×21×21	
	#414×405×18×28	296.2	233	93000	4490	17.7	31000	1530	10.2	3.68	3620	4.95	#207×405×18×28	
	#428×407×20×35	361.4	284	119000	5580	18.2	39400	1930	10.4	3.90	4380	4.92	#214×407×20×35	
HM	148×100×6×9	27.25	21.4	1040	140	6.17	151	30.2	2.35	1.55	51.7	1.95	74×100×6×9	TM
	194×150×6×9	39.76	31.2	2740	283	8.30	508	67.7	3.57	1.78	125	2.50	97×150×6×9	
	244×175×7×11	56.24	44.1	6120	502	10.4	985	113	4.18	2.27	289	3.20	122×175×7×11	
	294×200×8×12	73.03	57.3	11400	779	12.5	1600	160	4.69	2.82	572	3.96	147×200×8×12	
	340×250×9×14	101.5	79.7	21700	1280	14.6	3650	292	6.00	3.09	1020	4.48	170×250×9×14	
	390×300×10×16	136.7	107	38900	2000	16.9	7210	481	7.26	3.40	1730	5.03	195×300×10×16	
	440×300×11×18	157.4	124	56100	2550	18.9	8110	541	7.18	4.05	2680	5.84	220×300×11×18	
	482×300×11×15	146.4	115	60800	2520	20.4	6770	451	6.80	4.90	3420	6.83	241×300×11×15	
	488×300×11×18	164.4	129	71400	2930	20.8	8120	541	7.03	4.65	3620	6.64	244×300×11×18	
	582×300×12×17	174.5	137	103000	3530	24.3	7670	511	6.63	6.39	6360	8.54	291×300×12×30	
	588×300×12×20	192.5	151	118000	4020	24.8	9020	601	6.85	6.08	6710	8.35	294×300×12×20	
	#594×302×14×23	222.4	175	137000	4620	24.9	10600	701	6.90	6.33	7920	8.44	#297×302×14×23	

续表

类别	H 型钢规格/mm ($h \times b \times t_1 \times t_2$)	截面面积 A/cm	质量 q/(kg/m)	x—x 轴 I_x /cm⁴	x—x 轴 W_x /cm³	x—x 轴 i_x /cm	y—y 轴 I_y /cm⁴	y—y 轴 W_y /cm³	H、T 型钢 i_y, i_{yT} /cm	重心 C_x /cm	I_{xT} /cm⁴	i_{xT} /cm	T 型钢规格/mm ($h_T \times b \times t_1 \times t_2$)	类别
HN	100×50×5×7	12.16	9.54	192	38.5	3.98	14.9	5.96	1.11	1.27	11.9	1.4	50×50×5×7	TN
	125×60×6×8	17.01	13.3	417	66.8	4.95	29.3	9.75	1.31	1.63	27.5	1.8	62.5×60×6×8	
	150×75×5×7	18.16	14.3	679	90.6	6.12	49.6	13.2	1.65	1.78	42.7	2.17	75×75×5×7	
	175×90×5×8	23.21	18.2	1220	140	7.26	97.6	21.7	2.05	1.92	70.7	2.47	87.5×90×5×8	
	198×99×4.5×7	23.59	18.5	1610	163	8.27	114	23.0	2.20	2.13	94.0	2.82	99×99×4.5×7	
	200×100×5.5×8	27.57	21.7	1880	188	8.25	134	26.8	2.21	2.27	115	2.88	100×100×5.5×8	
	248×124×5×8	32.89	25.8	3560	287	10.4	255	41.1	2.78	2.62	208	3.56	124×124×5×8	
	250×125×6×9	37.87	29.7	4080	326	10.4	294	47.0	2.79	2.78	249	3.62	125×125×6×9	
	298×149×5.5×8	41.55	32.6	6460	433	12.4	443	59.4	3.26	3.22	395	4.36	149×149×5.5×8	
	300×150×6.5×9	47.53	37.3	7350	490	12.4	508	67.7	3.27	3.38	465	4.42	150×150×6.5×9	
	346×174×6×9	53.19	41.8	11200	649	14.5	792	91.0	3.86	3.68	681	5.06	173×174×6×9	
	350×175×7×11	63.66	50.0	13700	782	14.7	985	113	3.93	3.74	816	5.06	175×175×7×11	
	#400×150×8×13	71.12	55.8	18800	942	16.3	734	97.9	3.21					

续表

类别	H 型钢			x—x 轴			y—y 轴		H、T 型钢	T 型钢				类别
	H 型钢规格/mm ($h\times b\times t_1\times t_2$)	截面面积 A/cm	质量 q/(kg/m)	I_x /cm^4	W_x /cm^3	i_x /cm	I_y /cm^4	W_y /cm^3	i_y,i_{yT} /cm	重心 C_x /cm	I_{xT} /cm^4	i_{xT} /cm	T 型钢规格/mm ($h_T\times b\times t_1\times t_2$)	
HN	396×199×7×11	72.16	56.7	20000	1010	16.7	1450	145	4.48	4.17	1190	5.76	198×199×7×11	TN
	400×200×8×13	84.12	66.0	23700	1190	16.8	1740	174	4.54	4.23	1400	5.76	200×200×8×13	
	#450×150×9×14	83.41	65.5	27100	1200	18.0	793	106	3.08					
	446×199×8×12	84.95	66.7	29000	1300	18.5	1580	159	4.31	5.07	1880	6.65	223×199×8×12	
	450×200×9×14	97.41	76.5	33700	1500	18.6	1870	187	4.38	5.13	2160	6.66	225×200×9×14	
	#500×150×10×16	98.23	77.1	38500	1540	19.8	907	121	3.04					
	496×199×9×14	101.3	79.5	41900	1690	20.3	1840	185	4.27	5.9	2840	7.49	248×199×9×14	
	500×200×10×16	114.2	89.6	47800	1910	20.5	2140	214	4.33	5.96	3210	7.50	250×200×10×16	
	#506×201×11×19	131.3	103	56500	2230	20.8	2580	257	4.43	5.95	3670	7.48	#253×201×11×19	
	596×199×10×15	121.2	95.1	69300	2330	23.9	1980	199	4.04	7.76	5200	9.27	298×199×10×15	
	600×200×11×17	135.2	106	78200	2610	24.1	2280	228	4.11	7.81	5820	9.28	300×200×11×17	
	#606×201×12×20	153.3	120	91000	3000	24.4	2720	271	4.21	7.76	6580	9.26	#303×201×12×20	
	#692×300×13×20	211.5	166	172000	4980	28.6	9020	602	6.53					
	700×300×13×24	235.5	185	201000	5760	29.3	10800	722	6.78					

注　#表示的规格为非常用规格。

附表 1-4　　**普　通　槽　钢**

符号含义同普通工字钢，但 W_y 为对应于翼缘肢尖的截面模量

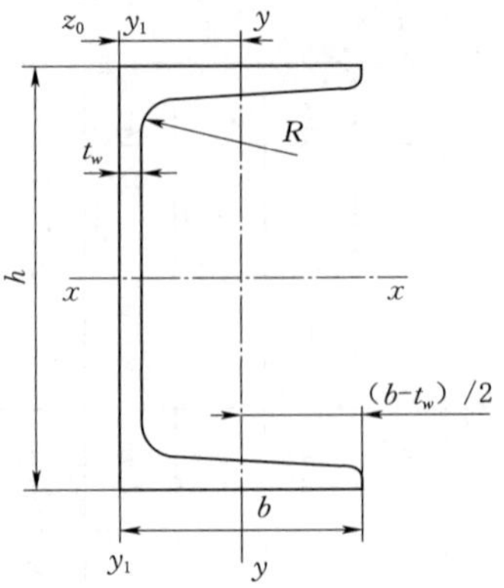

型号 5～8，槽钢长 5～12cm；
型号 10～18，槽钢长 5～19cm；
型号 20～40，槽钢长 9～19cm

型号	尺寸/mm					截面面积 /cm²	质量 /(kg /m)	x—x 轴			y—y 轴			y_1—y_1 轴	Z_0 /cm
	h	b	t_w	t	R			I_x /cm⁴	W_x /cm³	I_x /cm	I_y /cm⁴	W_y /cm³	I_y /cm	I_{y1} /cm⁴	
5	50	37	4.5	7.0	7.0	6.92	5.44	26	10.4	1.94	8.3	3.5	1.10	20.9	1.35
6.3	63	40	4.8	7.5	7.5	8.45	6.63	51	16.3	2.46	11.9	4.6	1.19	28.3	1.39
8	80	43	5.0	8.0	8.0	10.24	8.04	101	25.3	3.14	16.6	5.8	1.27	37.4	1.42
10	100	48	5.3	8.5	8.5	12.74	10.00	198	39.7	3.94	25.6	7.8	1.42	54.9	1.52
12.6	126	53	5.5	9.0	9.0	15.69	12.31	389	61.7	4.98	38.0	10.3	1.56	77.8	1.59
14a	140	58	6.0	9.5	9.5	18.51	14.53	564	80.5	5.52	53.2	13.0	1.70	107.2	1.71
14b		60	8.0	9.5	9.5	21.31	16.73	609	87.1	5.35	61.2	14.1	1.69	120.6	1.67
16a	160	63	6.5	10.0	10.0	21.95	17.23	866	108.3	6.28	73.4	16.3	1.83	144.1	1.79
16b		65	8.5	10.0	10.0	25.15	19.75	935	116.8	6.10	83.4	17.6	1.82	160.8	1.75
18a	180	68	7.0	10.5	10.5	25.69	20.17	1273	141.4	7.04	98.6	20.0	1.96	189.7	1.88
18b		70	9.0	10.5	10.5	29.29	22.99	1370	152.2	6.84	111.0	21.5	1.95	210.1	1.84
20a	200	73	7.0	11.0	11.0	28.83	22.63	1780	178.0	7.86	128.0	24.2	2.11	244.0	2.01
20b		75	9.0	11.0	11.0	32.83	25.77	1914	191.4	7.64	143.6	25.9	2.09	268.4	1.95
22a	220	77	7.0	11.5	11.5	31.84	24.99	2394	217.6	8.67	157.8	28.2	2.23	298.2	2.10
22b		79	9.0	11.5	11.5	36.24	28.45	2571	233.8	8.42	176.5	30.1	2.21	326.3	2.03
25a	250	78	7.0	12.0	12.0	34.91	27.40	3359	268.7	9.81	175.9	30.7	2.24	324.8	2.07
25b		80	9.0	12.0	12.0	39.91	31.33	3619	289.6	9.52	196.4	32.7	2.22	355.1	1.99
25c		82	11.0	12.0	12.0	44.91	35.25	3880	310.4	9.30	215.9	34.6	2.19	388.6	1.96
28a	280	82	7.5	12.5	12.5	40.02	31.42	4753	339.5	10.90	217.9	35.7	2.33	393.3	2.09
28b		84	9.5	12.5	12.5	45.62	35.81	5118	365.6	10.59	241.5	37.9	2.30	428.5	2.02
28c		86	11.5	12.5	12.5	51.22	40.21	5484	391.7	10.35	264.1	40.0	2.27	467.3	1.99
32a	320	88	8.0	14.0	14.0	48.50	38.07	7511	469.4	12.44	304.7	46.4	2.51	547.5	2.24
32b		90	10.0	14.0	14.0	54.90	43.10	8057	503.5	12.11	335.6	49.1	2.47	592.9	2.16
32c		92	12.0	14.0	14.0	61.30	48.12	8603	537.7	11.85	365.0	51.6	2.44	642.7	2.13

续表

型号	尺寸/mm					截面面积 /cm²	质量 /(kg/m)	x—x 轴			y—y 轴			y_1—y_1 轴	Z_0 /cm
	h	b	t_w	t	R			I_x /cm⁴	W_x /cm³	I_x /cm	I_y /cm⁴	W_y /cm³	I_y /cm	I_{y1} /cm⁴	
36a	360	96	9.0	16.0	16.0	60.89	47.80	11874	659.7	13.96	455.0	63.6	2.73	818.5	2.44
36b		98	11.0	16.0	16.0	68.09	53.45	12652	702.9	13.63	496.7	66.9	2.70	880.5	2.37
36c		100	13.0	16.0	16.0	75.29	59.10	13429	746.1	13.36	536.6	70.0	2.67	948.0	2.34
40a	400	100	10.5	18.0	18.0	75.04	58.91	17578	878.9	15.30	592.0	78.8	2.81	1057.9	2.49
40b		102	12.5	18.0	18.0	83.04	65.19	18644	932.2	14.98	640.6	82.6	2.78	1135.8	2.44
40c		104	14.5	18.0	18.0	91.04	71.47	19711	985.6	14.71	687.8	86.2	2.75	1220.3	2.42

附录二　轴心受压构件的稳定系数

附表 2-1　　**轴心受压构件截面分类**

截面形式		对 x 轴	对 y 轴
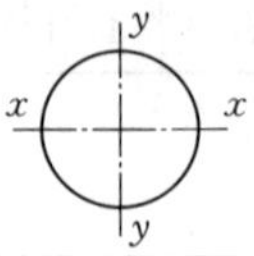 轧制		a类	a类
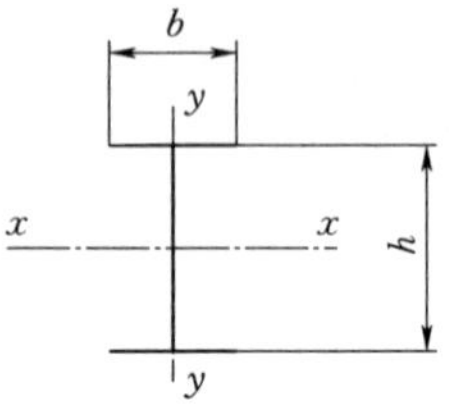	$b/h\leqslant 0.8$	a类	b类
	$b/h>0.8$	a* 类	b* 类
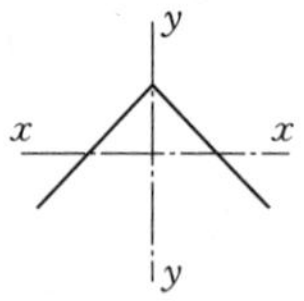 轧制等边角钢		a* 类	a* 类
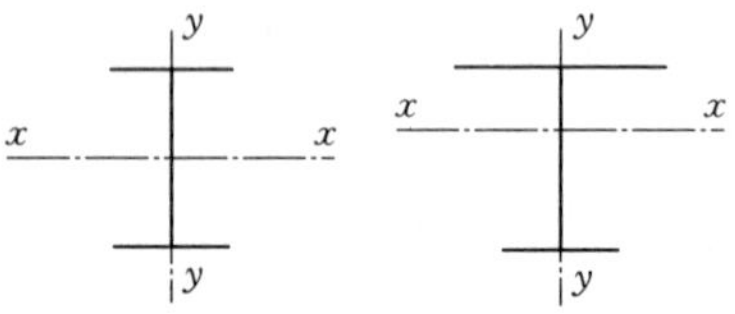	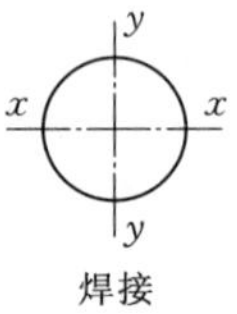 焊接	b类	b类
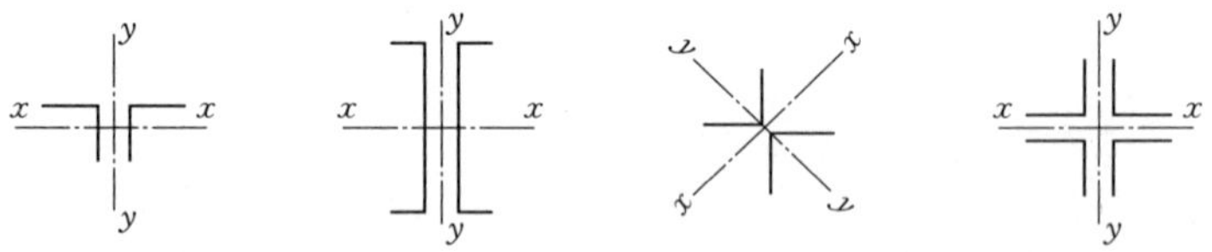			
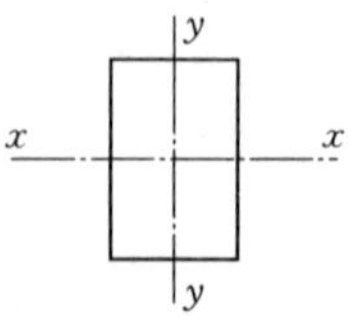 轧制、焊接（板件宽厚比＞20）	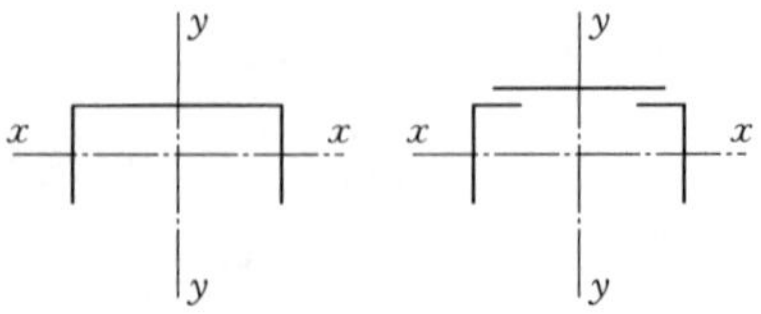 轧制或焊接		

续表

截面形式		对 x 轴	对 y 轴
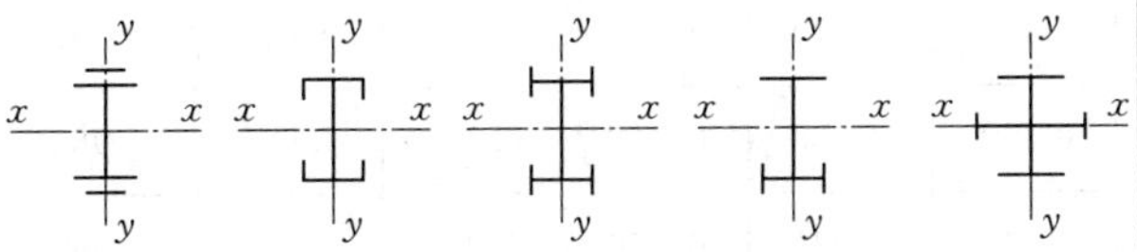	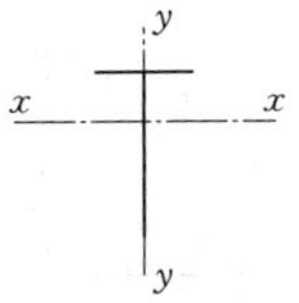 轧制截面和翼缘为焰切边的焊接截面	b类	b类
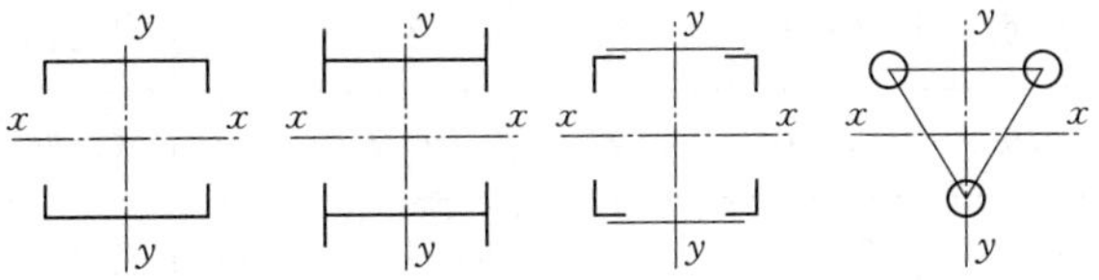	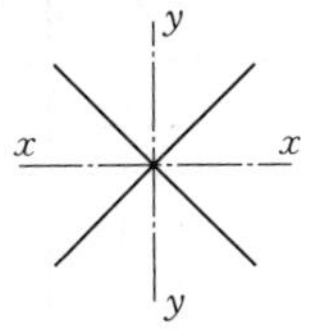 焊接、板件边缘焰切		
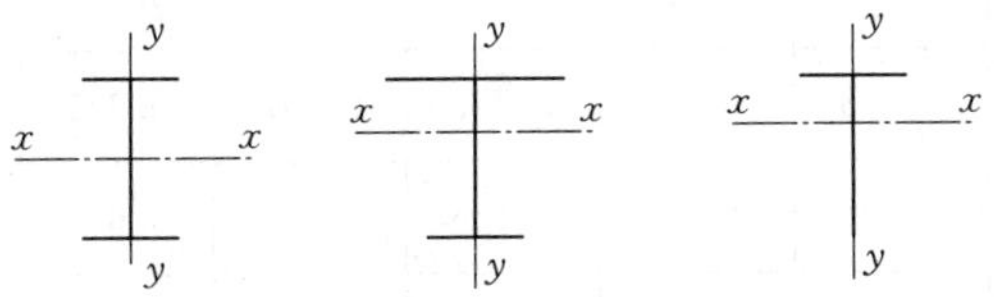 焊接、翼缘为轧制或剪切边		b类	c类
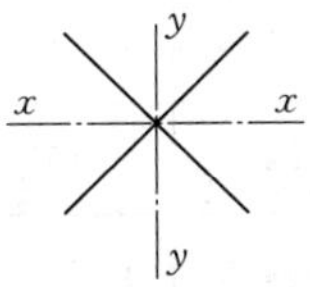 焊接、板件边缘轧制或剪切	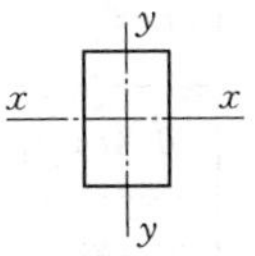 轧制、焊接（板件宽厚比≤20）	c类	c类
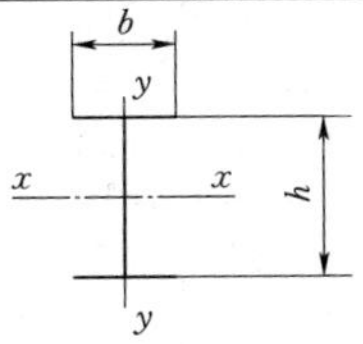 轧制“工”字形或H形截面	$t<80$mm	b类	c类
	$t\geqslant 80$mm	c类	d类
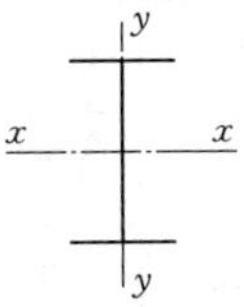 焊接“工”字形截面	翼缘为焰切边	b类	b类
	翼缘为轧制或剪切边	c类	d类
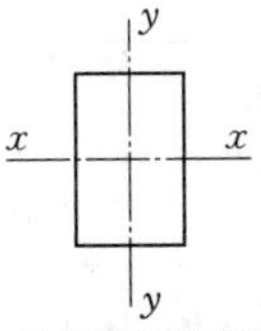 焊接箱形截面	板件宽厚比>20	b类	b类
	板件宽厚比≤20	c类	c类

注　a* 类含义为 Q235 钢取 b 类，Q345 钢、Q390 钢、Q420 钢和 Q460 钢取 a 类；b* 类含义为 Q235 钢取 c 类，Q345 钢、Q390 钢、Q420 钢和 Q460 钢取 b 类。

附表 2-2　　a 类截面轴心受压构件的稳定系数 φ

$\lambda\sqrt{\frac{f_y}{235}}$	0	1	2	3	4	5	6	7	8	9
0	1.000	1.000	1.000	1.000	0.999	0.999	0.998	0.998	0.997	0.996
10	0.995	0.994	0.993	0.992	0.991	0.989	0.988	0.986	0.985	0.983
20	0.981	0.979	0.977	0.976	0.974	0.972	0.970	0.968	0.966	0.964
30	0.963	0.961	0.959	0.957	0.954	0.952	0.950	0.948	0.946	0.944
40	0.941	0.939	0.937	0.934	0.932	0.929	0.927	0.924	0.921	0.918
50	0.916	0.913	0.910	0.907	0.903	0.900	0.897	0.893	0.890	0.886
60	0.883	0.879	0.875	0.871	0.867	0.862	0.858	0.854	0.849	0.844
70	0.839	0.834	0.829	0.824	0.818	0.813	0.807	0.801	0.795	0.789
80	0.783	0.776	0.770	0.763	0.756	0.749	0.742	0.735	0.728	0.721
90	0.713	0.706	0.698	0.691	0.683	0.676	0.668	0.660	0.653	0.645
100	0.613	0.630	0.622	0.614	0.607	0.599	0.592	0.584	0.577	0.569
110	0.562	0.555	0.548	0.541	0.534	0.527	0.520	0.513	0.507	0.500
120	0.494	0.487	0.481	0.475	0.469	0.463	0.457	0.451	0.445	0.439
130	0.434	0.428	0.423	0.417	0.412	0.407	0.402	0.397	0.392	0.387
140	0.382	0.378	0.373	0.368	0.364	0.360	0.355	0.351	0.347	0.343
150	0.393	0.335	0.331	0.327	0.323	0.319	0.316	0.312	0.308	0.305
160	0.302	0.298	0.295	0.292	0.288	0.285	0.282	0.279	0.276	0.273
170	0.270	0.267	0.264	0.261	0.259	0.256	0.253	0.250	0.248	0.245
180	0.243	0.240	0.238	0.235	0.233	0.231	0.228	0.226	0.224	0.222
190	0.219	0.217	0.215	0.213	0.211	0.209	0.207	0.205	0.203	0.201
200	0.199	0.197	0.196	0.194	0.192	0.190	0.188	0.187	0.185	0.183
210	0.182	0.180	0.178	0.177	0.175	0.174	0.172	0.171	0.169	0.168
220	0.166	0.165	0.163	0.162	0.161	0.159	0.158	0.157	0.155	0.154
230	0.153	0.151	0.150	0.149	0.148	0.147	0.145	0.144	0.143	0.142
240	0.141	0.140	0.139	0.137	0.136	0.135	0.134	0.133	0.132	0.131
250	0.130	—	—	—	—	—	—	—	—	—

附表 2－3　　b类截面轴心受压构件的稳定系数 φ

$\lambda\sqrt{\frac{f_y}{235}}$	0	1	2	3	4	5	6	7	8	9
0	1.000	1.000	1.000	0.999	0.999	0.998	0.997	0.996	0.995	0.994
10	0.992	0.991	0.989	0.987	0.985	0.983	0.981	0.978	0.976	0.973
20	0.970	0.967	0.963	0.960	0.957	0.953	0.950	0.946	0.943	0.939
30	0.936	0.932	0.929	0.925	0.921	0.918	0.914	0.910	0.906	0.903
40	0.899	0.895	0.891	0.886	0.882	0.878	0.874	0.870	0.865	0.861
50	0.856	0.852	0.847	0.842	0.837	0.833	0.828	0.823	0.818	0.812
60	0.807	0.802	0.796	0.791	0.785	0.780	0.774	0.768	0.762	0.757
70	0.751	0.745	0.738	0.732	0.726	0.720	0.713	0.707	0.701	0.694
80	0.687	0.681	0.674	0.6668	0.661	0.654	0.648	0.641	0.634	0.628
90	0.621	0.614	0.607	0.601	0.594	0.587	0.581	0.574	0.568	0.561
100	0.555	0.548	0.542	0.535	0.529	0.523	0.517	0.511	0.504	0.498
110	0.492	0.487	0.481	0.475	0.469	0.464	0.458	0.453	0.447	0.442
120	0.436	0.431	0.426	0.421	0.416	0.411	0.406	0.401	0.396	0.392
130	0.387	0.383	0.378	0.374	0.369	0.365	0.361	0.357	0.352	0.348
140	0.344	0.340	0.337	0.333	0.329	0.325	0.322	0.318	0.314	0.311
150	0.308	0.304	0.301	0.297	0.294	0.291	0.288	0.285	0.282	0.279
160	0.276	0.273	0.270	0.267	0.264	0.262	0.259	0.256	0.253	0.251
170	0.248	0.246	0.243	0.241	0.238	0.236	0.234	0.231	0.229	0.227
180	0.225	0.222	0.220	0.218	0.216	0.214	0.212	0.210	0.208	0.206
190	0.204	0.202	0.200	0.198	0.196	0.195	0.193	0.191	0.189	0.188
200	0.186	0.184	0.183	0.181	0.179	0.178	0.176	0.175	0.173	0.172
210	0.170	0.169	0.167	0.166	0.164	0.163	0.162	0.160	0.159	0.158
220	0.156	0.155	0.154	0.152	0.151	0.149	0.149	0.147	0.146	0.145
230	0.144	0.143	0.142	0.141	0.139	0.137	0.137	0.136	0.135	0.134
240	0.133	0.132	0.131	0.130	0.129	0.127	0.127	0.126	0.125	0.124
250	0.123	—	—	—	—	—	—	—	—	—

附表 2-4　　c 类截面轴心受压构件的稳定系数 φ

$\lambda\sqrt{\frac{f_y}{235}}$	0	1	2	3	4	5	6	7	8	9
0	1.000	1.000	1.000	0.999	0.999	0.998	0.997	0.996	0.995	0.993
10	0.992	0.990	0.988	0.986	0.983	0.981	0.978	0.976	0.973	0.970
20	0.966	0.959	0.953	0.947	0.940	0.934	0.928	0.921	0.915	0.909
30	0.902	0.896	0.890	0.883	0.877	0.871	0.865	0.858	0.852	0.845
40	0.839	0.833	0.826	0.820	0.813	0.807	0.800	0.794	0.787	0.781
50	0.774	0.768	0.761	0.755	0.748	0.742	0.735	0.728	0.722	0.715
60	0.709	0.702	0.695	0.689	0.682	0.675	0.669	0.662	0.656	0.649
70	0.642	0.636	0.629	0.623	0.616	0.610	0.603	0.597	0.591	0.584
80	0.578	0.572	0.565	0.559	0.553	0.547	0.541	0.535	0.529	0.523
90	0.517	0.511	0.505	0.499	0.494	0.488	0.483	0.477	0.471	0.467
100	0.462	0.458	0.453	0.449	0.445	0.440	0.436	0.432	0.427	0.423
110	0.419	0.415	0.411	0.407	0.402	0.398	0.394	0.390	0.386	0.383
120	0.379	0.375	0.371	0.367	0.363	0.360	0.356	0.352	0.349	0.345
130	0.342	0.338	0.335	0.332	0.328	0.325	0.322	0.318	0.315	0.312
140	0.309	0.306	0.303	0.300	0.297	0.294	0.291	0.288	0.285	0.282
150	0.279	0.277	0.274	0.271	0.269	0.266	0.263	0.261	0.258	0.256
160	0.253	0.251	0.248	0.246	0.244	0.241	0.239	0.237	0.235	0.232
170	0.230	0.228	0.226	0.224	0.222	0.220	0.218	0.216	0.214	0.212
180	0.210	0.208	0.206	0.204	0.203	0.201	0.199	0.197	0.195	0.194
190	0.192	0.190	0.189	0.187	0.185	0.184	0.182	0.181	0.179	0.178
200	0.176	0.175	0.173	0.172	0.170	0.169	0.167	0.166	0.165	0.163
210	0.162	0.161	0.159	0.158	0.157	0.155	0.154	0.153	0.152	0.151
220	0.149	0.148	0.147	0.146	0.145	0.144	0.142	0.141	0.140	0.139
230	0.138	0.137	0.136	0.135	0.134	0.133	0.132	0.131	0.130	0.129
240	0.128	0.127	0.126	0.125	0.124	0.123	0.123	0.122	0.121	0.120
250	0.119	—	—	—	—	—	—	—	—	—

附表 2－5　　**d 类截面轴心受压构件的稳定系数 φ**

$\lambda\sqrt{\frac{f_y}{235}}$	0	1	2	3	4	5	6	7	8	9
0	1.000	1.000	0.999	0.999	0.998	0.996	0.944	0.992	0.990	0.987
10	0.984	0.981	0.978	0.974	0.696	0.965	0.960	0.955	0.949	0.944
20	0.937	0.927	0.918	0.909	0.900	0.891	0.883	0.874	0.865	0.857
30	0.848	0.840	0.831	0.823	0.815	0.807	0.798	0.790	0.782	0.774
40	0.766	0.758	0.751	0.743	0.735	0.727	0.720	0.712	0.705	0.697
50	0.690	0.682	0.675	0.668	0.660	0.653	0.646	0.639	0.632	0.625
60	0.618	0.611	0.605	0.598	0.591	0.585	0.578	0.571	0.565	0.559
70	0.552	0.546	0.540	0.534	0.528	0.521	0.516	0.510	0.504	0.498
80	0.492	0.487	0.481	0.476	0.470	0.465	0.459	0.454	0.449	0.444
90	0.439	0.434	0.429	0.424	0.419	0.414	0.409	0.405	0.401	0.397
100	0.393	0.390	0.386	0.383	0.380	0.376	0.373	0.369	0.366	0.363
110	0.359	0.356	0.353	0.350	0.346	0.343	0.340	0.337	0.334	0.331
120	0.328	0.325	0.322	0.319	0.316	0.313	0.310	0.307	0.304	0.301
130	0.298	0.296	0.293	0.290	0.288	0.285	0.282	0.280	0.277	0.275
140	0.272	0.270	0.267	0.265	0.262	0.260	0.257	0.255	0.253	0.250
150	0.248	0.246	0.244	0.242	0.239	0.237	0.253	0.233	0.231	0.229
160	0.227	0.225	0.233	0.221	0.219	0.217	0.215	0.213	0.211	0.210
170	0.208	0.206	0.204	0.202	0.201	0.199	0.197	0.196	0.194	0.192
180	0.191	0.189	0.187	0.186	0.184	0.183	0.181	0.180	0.178	0.177
190	0.175	0.174	0.173	0.171	0.170	0.168	0.167	0.166	0.164	0.163
200	0.162	—	—	—	—	—	—	—	—	—

参 考 文 献

［1］ 中华人民共和国水利部. 水利水电工程钢闸门设计规范：SL 74—2019［S］. 北京：中国水利水电出版社，2019.

［2］ 中华人民共和国住房和城乡建设部. 钢结构设计标准：GB 50017—2017［S］. 北京：中国建筑工业出版社，2017.

［3］ 国家能源局. 水电工程钢闸门设计规范：NB 35055—2015［S］. 北京：中国水利水电出版社，2015.

［4］ 水电部水利水电规划设计院. 水电站机电设计手册（金属结构一）［M］. 北京：水利电力出版社，1988.

［5］ 范崇仁. 水工钢结构设计［M］. 北京：中国水利水电出版社，2000.

［6］ 王正中. 水工钢结构［M］. 郑州：黄河水利出版社，2010.

［7］ 龙驭球，包世华，袁驷. 结构力学Ⅰ：第3版［M］. 北京：高等教育出版社，2012.

［8］ 安徽省水利局勘测设计院. 水工钢闸门设计［M］. 北京：水利电力出版社，1983.

［9］ 王正中，赵延凤. 刘家峡水电站深孔弧门按双向平面主框架分析计算的探讨［J］. 水力发电，1992（7）：41-44.

［10］ 张雪才，王正中，李宝辉，等. 弧形钢闸门闸坝一体化静动力分析及安全评价［J］. 长江科学院院报，2017，34（07）：116-120.

［11］ 赵春龙，王正中，王明疆，等. 深孔平面钢闸门挡水布置形式的受力特性比较［J］. 水力发电学报，2018，37（01）：11-20.

［12］ 刘佳佳. 弧形钢闸门的设计计算方法研究［D］. 南京：河海大学，2007.